TURING

即学即用的
新手设计系统课

优设

Premiere Pro

视频剪辑
实训教程

张雪 孙劼 孙海曼 著

U0279915

人民邮电出版社
北京

图书在版编目（ＣＩＰ）数据

优设Premiere Pro视频剪辑实训教程 / 张雪，孙劼，孙海曼著. -- 北京：人民邮电出版社，2023.12
ISBN 978-7-115-62483-3

Ⅰ．①优… Ⅱ．①张… ②孙… ③孙… Ⅲ．①视频编辑软件－教材 Ⅳ．①TN94

中国国家版本馆CIP数据核字(2023)第151049号

◆ 著　　　 张　雪　孙　劼　孙海曼
责任编辑　赵　轩
责任印制　胡　南

◆ 人民邮电出版社出版发行　北京市丰台区成寿寺路 11 号
邮编　100164　电子邮件　315@ptpress.com.cn
网址　https://www.ptpress.com.cn
临西县阅读时光印刷有限公司印刷

◆ 开本：720×960　1/16
印张：10.5　　　　　2023 年 12 月第 1 版
字数：164 千字　　　2023 年 12 月河北第 1 次印刷

定价：69.80 元

读者服务热线：(010)84084456-6009　印装质量热线：(010)81055316
反盗版热线：(010)81055315
广告经营许可证：京东市监广登字 20170147 号

相比于2012年"优设"平台上线之时，设计工具、技巧与应用在这十余年中日新月异，广大设计师对"优秀设计""优秀教程"的追求从未停歇。本质上，掌握前沿设计手法，娴熟运用恰当的设计工具，设计师就可以站在流量的舞台上体现自身的价值，得到积极的回报。

"设计除了是一份工作，它还具备一种魔力，当你第一次用'设计'解决某个难题，实现某种效果，抑或是上下挪动为那一像素纠结时，你会情不自禁地被它迷住。"我的这个观点得到了许多"不疯魔不成活"设计师的认同。在"优设"，我每天都会看到不少用户将"成为一个专业设计师"作为自己的目标，梦想着自己今后也能做出既美观漂亮又精妙实用的作品。

当然，理想归理想，现实往往有着各种各样的规范与约束。投身设计行业的年轻人，往往会在开始阶段就直面各种束缚，经历各种坎坷。从2K、4K的大屏幕到智能手机屏幕，设计师需要在有限的空间中呈现恰到好处的视觉信息，这些都无不挑战着设计师的技术与想象力。激烈的市场竞争更是不断将设计师的工作量推向极限，特别是AI工具的集中涌现，使得设计师们要掌握的工具更多了。不同年龄和不同地域的设计师们，正在积极地学习和探索。

我们创立"优设"的初衷，就是陪伴设计师度过最艰难的起步阶段，直至进阶成长为中流砥柱式的专业人才。十多年来，我们分享免费素材，设计事半功倍的工作流，创作大家喜闻乐见的免费可商用字体，输出独具特色的设计方法论，搭建备受好评的优优教程网。面向行业的设计新人和爱好者们，我们携手"优设"的名师授业解惑，桃李满天下，而后我们更积极参与产学融合，提升学生实践能力，以"优设"独有的方式为行业贡献力量。我们通过"开放！分享！成长！"的理念来解开设计师身上的束缚，与其并肩走过职场内外的坎坷。

"优设"分享过数不清的高质量设计教程，一直受到年轻一代设计师的广泛好评。令人惊喜的是，越来越多的高校也成为"优设"的坚实伙伴，一起为艺术院校的学子和老师提供最前沿的设计知识和实战教案。本系列教程的出版，也是"优设"对用户期盼的具体回应。在与用户互动的过程中，我们听到了来自用人企业、院校教师、设计新手的种种呼声，他们希望"优设"能够将前沿的设计思想与贴近现实的设计项目结合，创作一份能让新手设计师"看得懂、学得会、用得上"的设计教程。为此，我们心怀敬畏，从多个层面和角度深挖学习需求，精心拟定学习方案，打磨设计项目案例，并邀请拥有多年商业经验与教学经验的设计师共同参与创作，希望本系列能成为一双翅膀，助力新手设计师飞翔，拥抱变幻莫测的未来。

优设创始人　张鹏

致谢

除本书编者外，还有田润阳、葛咏斐、赵微和赵丹铭等参与了本书文字的修订以及部分视频的拍摄和剪辑工作。

本书用了大量的原创视频素材：

在项目2中，由肖雨舒作为模特，完成了视频素材的拍摄；

在项目3中，由天津市非物质文化遗产传承人郁从霞提供古法旗袍技艺和产品展示，蒋小彤作为模特，完成了视频素材的拍摄；

在项目4中，由王品林、李博远和于恩泽等提供航拍视频素材；

在项目5中，由李天成和范润芳及其亲友提供婚礼视频素材；

在项目6中，由王菲、李雅晴、张振浩、赵宇、任洁、居春佳、张璐瑶、赵鹏、肖雨舒、田越和李鑫等出演，尹泽东和何沛隆摄像，完成了视频素材的拍摄，由苏杨作曲，史明作词，宁静演唱，完成了原创主题音乐的创作。

在这里一并感谢以上各位，你们无私的付出，为本书提供了坚实的支撑，也直接促成了本书的最后完成。

同时感谢编辑团队对本书结构、文字的反复推敲，精益求精。

课程名称	优设 Premiere Pro 视频剪辑实训教程			
教学目标	了解 Premiere Pro 在视频行业中的典型应用，通过项目实操，学会使用 Premiere Pro 的核心功能，掌握视频剪辑的关键技能，最终能够使用 Premiere Pro 完成高质量的视频项目			
总课时	32	总周数		8
课时安排				
周次	建议课时	教学内容	单课总课时	作业数量
1	4	景点旅拍（本书项目1）	4	1
2	4	出游 Vlog（本书项目2）	4	1
3	4	服装服饰广告片（本书项目3）	4	1
4	4	城市航拍宣传片（本书项目4）	6	1
5	2			
5	2	婚礼影像纪录片（本书项目5）	6	1
6	4			
7	4	毕业季微电影（本书项目6）	8	1
8	4			

本书导读

本书采用项目式结构，按照学习目标、学习场景描述、任务书、任务拆解、工作准备、工作实施和交付、拓展知识、作业、作业评价对每个项目的内容进行划分。

学习目标：通过对相应项目的学习，读者可以掌握什么技能，可以达到什么水平。

学习场景描述：相应项目在实际工作中的需求场景。描述读者在做相应项目时的岗位角色、客户是谁、客户会提出什么样的需求，将读者带入需求场景。

任务书：客户提出需求的书面信息，包括项目名称、项目资料、项目要求等。

任务拆解：在实施相应项目时的关键环节。

工作准备：在具体制作相应项目前，读者应该具备的知识，如果已经掌握可以跳过。

工作实施和交付：按照任务拆解的关键环节实施操作，完成项目任务，达到项目文件制作要求。

拓展知识：针对相应类型的项目，读者还应掌握哪些知识或技能。

作业：相应项目讲解完成后，针对讲解项目类型会发布一个同类型的项目需求，用以检测读者是否掌握了制作相应类型项目的技能，能否举一反三。

作业评价：根据作业的需求，从需求方的角度设计评价维度，通过评价维度，读者可自行检测所完成的项目是否达到了交付要求。

任务拆解

工作准备

拓展知识

工作实施和交付

作业

作业评价

目录

项目 3　服装服饰广告片

目录

项目 6　毕业季微电影

项 目 1

景点旅拍

随着电子信息时代的快速发展，手机、相机等得到了普及，随之衍生出许多新的影像记录形式。旅拍由于其便捷性和较低的门槛，成了近几年最流行的影像记录形式之一。旅拍的主要类型有景点旅拍、人文旅拍、婚礼旅拍、亲子旅拍等，由于旅拍无须使用专业的拍摄设备，因此可以很便捷地记录生活和留住回忆。

景点旅拍已经渗透到日常的生活中，观众不仅能够了解景点的美和文化魅力，还可以从中感受到摄影师和剪辑师的创意和技巧。通过操作Premiere Pro调整视频素材的顺序结构、添加背景音乐、添加标记等后期技术手段，可以有效提升画面的一致性，形成统一的视频风格，达到记录旅行过程、展示旅途风景等目的。

【学习目标】

了解 Premiere Pro 的常用操作和支持的文件格式，掌握景点旅拍的剪辑思路和镜头语言，学会使用 Premiere Pro 的面板工具、标记、【选择工具】、【剃刀工具】、【音频剪辑混合器】、关键帧动画和【音量】等进行景点旅拍视频的剪辑，掌握景点旅拍视频后期的制作方法和技巧。

【学习场景描述】

假设你现在是一名 **Premiere Pro 后期剪辑师**。在夏天即将到来之际，某旅行博主去重庆华生园金色蛋糕梦幻城堡（后文简称为"华生园梦幻城堡"）旅行，并记录了她的旅行过程，以便让观众了解景区的概况。她的旅拍**摄影师**搭档完成了梦幻城堡的视频拍摄（包括航拍）。旅行博主联系你，需要你对拍摄的素材进行**后期剪辑，**最终的视频成片需要给旅行博主确认，确认无误后，她将通过其自媒体账号发布。

【任务书】

项目名称

华生园梦幻城堡旅拍。

项目资料

华生园梦幻城堡旅拍素材，总共有 107 个片段，其中 86 个为相机拍摄素材，21 个为无人机空镜航拍素材，拍摄的内容包含华生园梦幻城堡内的标志性建筑物。代表性视频片段截图如图 1-1 所示。

项目要求

本项目视频用于景点旅行纪念，属于个人记录性质，传播渠道主要是自媒体平台。

（1）视频内容应包含梦幻城堡风景区中央广场、文化一条街等标志性建筑物。

（2）视频前后衔接要流畅，景别切换让人感到舒适，不要在视觉上给人带来突兀感。

（3）视频整体基调是欢快活泼的，音乐风格与视频基调保持一致，景别切换要与音乐相匹配。

（4）视频成片时长为 2 ~ 3 分钟，音频时长与视频时长相匹配。

图1-1

项目文件制作要求

（1）文件夹命名为"YYY_华生园梦幻城堡旅拍_日期"（YYY代表你的姓名，日期要包含年、月、日）。

（2）此文件夹包括以下文件：未经剪辑的源素材（摄影师提供的素材）、最终效果的MP4（H.264）格式文件、.prproj格式工程文件。

（3）视频帧大小为720h 1280v，帧速率为25帧/秒，方形像素（1.0），场序为逐行扫描。

完成时间

3小时。

【任务拆解】

1. 分析素材并确定工作流程。

2. 根据工作流程撰写场景脚本。

3. 导入素材，整理归类。

4. 视频粗剪，筛选和排列素材。

5. 视频精剪，音乐卡点，添加转场，使视频、音频节奏一致。

【工作准备】

在进行本项目的制作前，需要掌握以下知识。

1. 旅拍视频剪辑工作流程。

2. 拍摄方式。

3. 景别。

4. 景别组接方式。

5. 常用视频尺寸。

6. Premiere Pro 支持的文件格式。

7. Premiere Pro 的常用操作。

8. 面板工具的使用方法。

9. 标记的使用方法。

10.【选择工具】的使用方法。

11.【剃刀工具】的使用方法。

12.【音频剪辑混合器】的使用方法。

13. 关键帧动画的使用方法。

14.【音量】的使用方法。

如果已经掌握相关知识可跳过这部分，开始工作实施。

知识点 1　旅拍视频剪辑工作流程

在制作景点旅拍视频前，整理素材和确定旅拍视频剪辑工作流程非常重要，能够梳理出项目的重点和主题，提高视频观赏性。其他类型的旅拍视频也可参考此剪辑工作流程。旅拍视频剪辑工作流程分为以下两个阶段。

素材拍摄阶段确认以下信息。

（1）拍摄设备：民用无人机、手机和手机稳定器（此外需确认是否获得拍摄许可）。

（2）画面尺寸：民用无人机为 1920 像素 ×1080 像素，手机为不低于 1080 像素 × 1920 像素。

（3）颜色模式：无要求。

（4）帧速率：25 帧 / 秒、29.97 帧 / 秒或 30 帧 / 秒。

（5）视频格式：民用无人机为 MOV，手机为 MP4。

素材整理与剪辑阶段的工作流程如下。

（1）细心整理素材，确保视频格式无误，确定素材是否可用。评判依据包括画面拍摄的方式是否一致、是否对焦清晰、情景是否合理、画面是否抖动和是否有音视频的瑕疵等。

（2）基于初步印象和制作思路，根据需求编写场景脚本，按照时间线整理素材，对不同情境下的视频素材进行分类归档，并核对镜头是否遗漏，必要时与客户进行沟通，确定是否需要补拍。

（3）按场景脚本粗剪视频，剪切并排列素材。

（4）精剪视频，调整视频和音频节奏，对色彩和音频等效果进行处理，使视频效果更加突出。

知识点2　5种运镜方式

在拍摄时，使用多种运镜方式可以更好地表达主题和情感，让视频产生不同的视觉效果。不同的运镜方式适用于不同的场景和需求。运镜方式主要分为5种：推镜、拉镜、摇镜、移镜和跟镜。

（1）推镜：视频拍摄中一种常用的手法，通过逐渐缩小画面边框来放大画面内的元素，以引导观众关注特定的角色或情节，加强情感氛围的营造。这种镜头效果可以帮助观众更深入地了解角色的内心活动，从而沉浸到故事情节中。

（2）拉镜：通常使移动摄像机远离事物，逐渐扩大画面范围以显示更多的内容。这种技术可以帮助观众更深入地理解情节或背景，并引导他们思考主要元素和全局之间的关系。拉镜能够加强场景的沉浸感和创造更加生动具体的视觉效果。

（3）摇镜：通过三角架上的活动底盘或摄影师本身的运动来改变摄像机视线方向。这种技巧可以在固定的拍摄位置上创造出不稳定、紧张或有动感的效果。摇镜通常用于拍摄动作场景、紧张情节或惊悚片等，以营造出契合场景的视觉氛围。

（4）移镜：将摄像机安装在移动的载具上，沿着特定的运动轨迹进行拍摄。由于相对位置的不断变化，移镜拍摄的画面会呈现出流动感，让观众有身临其境的感觉，并能提高艺术性。移镜通常用于拍摄高度动态或极具戏剧性的场景，例如追逐、竞赛或大规模集体活动等。

（5）跟镜：摄像机跟随正在移动的主体进行拍摄。这种运镜方式可以连续记录被摄对象在运动中的细节，既可突出运动中的主体，又可交代被摄对象运动的方向、速度、形态以及与周围环境的关系等。跟镜可以创造连贯的视觉效果，让观众更好地欣赏主体在动态中的表现等。

知识点 3   景别

景别是指由于摄像机与被摄对象间距离不同而造成的画面呈现范围的区别。在拍摄中，利用好景别不仅能体现出画面的层次和特点，而且能够明确地传达拍摄者的意图。为了使景别的划分尺度相对统一，通常使用画面中被拍摄人物的大小来对景别进行划分。如果画面中没有人物，就会参照景物在画面中的比例进行划分。景别的划分并没有严格的界限，通常划分为远景、全景、中景、近景和特写等。可在视频拍摄和剪辑中灵活地使用这些景别，从而达到不同的表达效果。

（1）远景：使用远距离镜头拍摄的一种画面效果。远景的特点是被摄物体与摄像机之间距离较远，因而画面中会呈现出广阔、深远的视觉效果。这种景别能够全面展示人物活动的环境空间等，并帮助营造出不同的情感表现、氛围和意境。

大远景是指视距较远的景别，它能够展示出广阔绵长的地平线或深邃的远方。对于远景画面的处理，通常侧重于表达场景的规模、氛围和气势，而不是局部细节。由于远景画面所包含的内容相对较多，因此一般需要更长的拍摄时间，如图 1-2 所示。

图1-2

（2）全景：展现出人物全身形象或场景全貌的镜头，其视野相对较小，可以清晰地呈现出人物与环境之间的关系，以及人物整体动作和活动过程等，如图1-3所示。

图1-3

（3）中景：针对人物拍摄时，一般指可以展现人物膝盖以上部分的镜头。此种画面中，人物所占空间比例增大，观众可以清晰地看到人物的形体动作以及表情神态，了解人物的内心情绪。中景不仅能够重点表现人物的形象，还可提供一定的活动范围，在影视作品中被广泛使用，如图1-4所示。

图1-4

（4）近景：可以展现人物胸部以上部分或物体的局部外观的镜头，更集中于被摄主体，画面所包含的空间范围有限，几乎排除了主体所处的环境空间。近景主要用于表现人物面部神态、情绪以及性格，能够充分表现人物或物体富有意义的局部，如图 1-5 所示。

图1-5

（5）特写：可以展现人物或有关物体、景致的细微特征的镜头，能够突出要表现的对象，强调和凸显出某些关键细节，使观众更加关注细节。通过特写，可以在较小的画面空间中将对象表现得非常细致和生动，如图 1-6 所示。

图1-6

知识点 4　景别组接方式

在对景别有一定的了解后，需要学习如何将景别组接在一起，以更好地安排素材顺序，呈现不同的视觉效果。一般情况下，景别的组接方式可以分为以下5种。

（1）前进式：从全景到中景、近景再到特写，常用于影片的开场。该组接方式能够引导观众从整体环境逐步关注到细节，并鲜明地突出主体，从而增强观众的兴趣和更好地表达情感。

（2）后退式：从特写到近景、中景再到全景。该组接方式同样适用于影片的开场，可让观众产生期待感，调动观众观察事物的好奇心。

（3）同等式：将相同景别组接在一起。通过比较，可以让观众加深印象、产生情绪或引起思考，从而突出某个主题，具备强烈的主观意图。不过由于连续相似的景别容易引起画面跳跃，影响视觉体验，因此一般需要采用不同角度镜头来组接。

（4）两级式：将跨度大的景别组接到一起，能够达到震撼人心的效果。该组接方式常用于广告片、宣传片等领域，具有强烈的视觉冲击力，可加快故事节奏。

（5）循环式：将前进式和后退式结合，从近景到远景再到近景，或从远景到近景再回到远景，以某个景物为缩放中心，由两组互相对应而变化相反的景别构成。作为轴心的镜头最为突出，不仅连接并转换着前后的画面，还是整体节奏变化的重要因素。该组接方式适用于表现情绪由强烈到平静再回到强烈，或者完全相反、情绪跌宕的心理描写画面等。

知识点 5 常用视频尺寸

为了适应不同视频平台和需求，需要了解常用视频尺寸。视频尺寸指的是视频的横向和纵向像素数量，也称为视频的分辨率。以下是一些常见的视频尺寸。

（1）720p：也称为高清或 HD，分辨率为 1280 像素 ×720 像素。画面细腻、清晰度高，色彩鲜艳真实。

（2）1080p：也称为全高清或 Full HD，分辨率为 1920 像素 ×1080 像素，画面更加细腻，目前大多数设备均支持此分辨率。

（3）2K：分辨率为 2048 像素 ×1080 像素，画质效果更加细腻、清晰，在数字电影中使用较多。

（4）4K：分辨率为 3840 像素 ×2160 像素，具有非常多的画质细节。

720p和1080p中的"p"，含义是"逐行扫描"，它与"i"所代表的"隔行扫描"相对应。这两种扫描方式是模拟信号时代的产物，是为了方便视频播放并减小视频文件的大小而出现的。

如今，随着数字设备和数字技术的高速发展，"隔行扫描"已经基本退出了历史舞台，所以本书所涉及的视频输入输出格式均为"逐行扫描"。基于行业标准和行业称呼，本书中720p、1080p会在后面标注"p"，而2K、4K不会在后面标注"p"，后文不再赘述。

知识点 6　Premiere Pro 支持的文件格式

当素材归类整理好之后，为了能够准确、高效地处理音频和视频素材，了解素材格式是非常重要的。Premiere Pro 支持多种格式的素材，包括视频格式、音频格式和图像格式等。

常用的视频格式有 MP4、MOV、AVI 等；常用的音频格式有 MP3、WAV 等；常用的图像格式有 JPEG、PNG 等；常用的工程文件格式有 PSD、AEP 等。

知识点 7　Premiere Pro 的常用操作

了解 Premiere Pro 的常用操作，有助于更加熟练地使用软件，更高效地进行视频的编辑和创作，提高工作效率和创作质量。Premiere Pro 的常用操作包括新建项目、新建序列、导入素材、保存或导出项目、打包项目等。

1. 新建项目

【项目】位于【文件】菜单的【新建】中，选择【项目】后，弹出的界面如图 1-7 所示，在其中可以设置项目名、项目位置、导入设置等。设置好相关参数后单击右下角的【创建】按钮即可。

注意 选择项目位置时，应选择计算机中可用空间较大的磁盘（硬盘），最好不要选 C 盘。有条件的情况下，选择空间较大的固态硬盘，可以有效地提高剪辑效率。同时，项目文件应与视频素材文件位于同一文件夹，方便后期查找和整理。

设置项目名时，不要用默认名称。若文件较多，都使用默认名称，前面创建的文件会被替换。命名格式可以参考：项目名称+日期（年、月、日）+制作者姓名（用于团队合作，个人文件可以省略此项）。

图1-7

2. 新建序列

编辑素材之前需要创建一个序列，序列的格式决定了输出视频的格式。创建一个符合规范的序列可以高效地完成视频编辑工作。第一种方法是选择【文件】→【新建】→【序列】，快捷键是【Ctrl+N】。第二种方法是单击【项目】面板底部的【新建项】按钮，选择【序列】，如图 1-8 所示，新建的序列就会出现在项目面板。

图1-8

在图 1-9 所示的【新建序列】对话框中可以设置序列名称、分辨率、帧速率、音频声道数和序列时间基准等。在设置分辨率时，要考虑视频是否需要在不同的平台上播放等因素，目前常用的分辨率包括 4K、1080p、720p 等。在设置帧速率时，应根据所使用的素材设定，例如电影通常为 24 帧 / 秒，电视剧可能为 30 帧 / 秒、60 帧 / 秒等。在设定时要注意尽量保持所有素材的帧速率一致，否则可能会造成视频卡顿的问题。

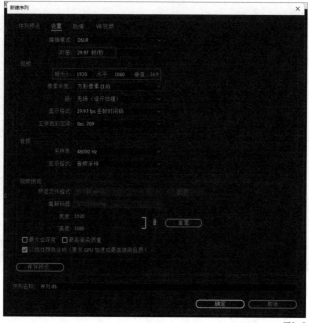

图1-9

3. 导入素材

新建好序列之后，就可以导入素材了。导入素材的方法非常简单，选择【文件】→【导入】，快捷键是【Ctrl+I】，或者双击【项目】面板空白区域，在弹出的对话框中选择需要导入的素材文件，单击【打开】按钮将素材导入软件，如图 1-10 所示。

图1-10

> **注意** 导入的视频、音频等素材文件，需要根据其内容取一个含义明确、简洁具体的名字。例如，音频采访文件可以使用"采访者姓名-日期-采访主题"的格式命名。

4. 保存或导出项目

项目制作完成以后，可以按照其用途，保存或导出为不同格式的文件，以便观看或者作为素材进行编辑加工。选择【文件】→【保存】，快捷键是【Ctrl+S】，会将项目工程文件存储到新建项目时选择的文件保存路径。选择【文件】→【另存为】，快捷键是【Ctrl+Shift+S】，可以将项目工程文件存储到指定位置。

选择【文件】菜单中的【导出】，可以按照需求导出不同类型的文件，常用的【媒体】用于输出视频或音频，选择【媒体】可以打开【导出设置】对话框（快捷键是【Ctrl+M】），进行各种媒体格式的输出。

常用的输出格式和对应的使用途径如下。

【QuickTime】：输出为 MOV 格式的数字电影，适合与苹果公司的 Mac 系列计算机进行数据交换。

【H.264】：输出为高性能视频编解码文件，适合输出高清视频和录制蓝光光盘。

【音频波形文件】：只输出影片的声音，输出为 WAV 格式的音频，适合与各平台进行音频数据交换。

【MP3】：只输出影片的声音，相较 WAV 格式的音频，会丢失部分音效和音质，损失一些细节和精度。

5. 打包项目

视频剪辑完成后，可在 Premiere Pro 中直接组织和统一管理视频的所有素材，这样方便查找和备份素材文件。选择【文件】→【项目管理】，在弹出的【项目管理器】对话框中进行设置，如图 1-11 所示，将项目文件、剪辑素材和所有关联文件打包成单个文件夹，可用于备份项目、转移项目到不同的计算机或完成项目后存档。

将 Premiere Pro 项目打包后可以分享给其他人使用，其他人只需要解压缩该项目并打开 Premiere Pro，即可获得与该项目一样的工作环境和资源文件。

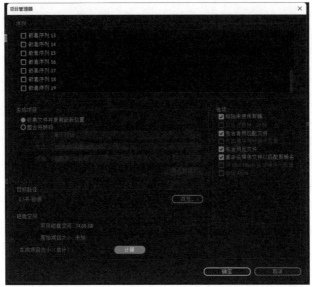

图1-11

知识点8 面板工具

Premiere Pro 提供了许多实用的面板工具，方便我们在编辑视频时快速访问和使用各种功能，其中主要包括【项目】面板、【工具】面板、【时间轴】面板、【节目监视器】面板和【源监视器】面板，如图 1-12 所示。

图1-12

（1）【项目】面板是 Premiere Pro 中媒体资源列表的核心组件。在【项目】面板中可以查看、组织和管理所有导入项目的素材，如图 1-13 所示。在【项目】面板中可以使用【新建素材箱】按钮（图中红色矩形框）新建文件夹，使用文件夹将相关项目资源组织在一起。例如，可以使用文件夹对音频文件、片段、源素材、照片等进行分类管理。

图1-13

（2）【工具】面板用来编辑素材文件，在图标右下角带有小三角形的工具上长按鼠标左键可显示隐藏工具，如图 1-14 所示。

图1-14

（3）【时间轴】面板是编辑视频项目的关键区域，显示了序列中媒体资源的时间线、视频和音频轨道，以及各种视频编辑工具。

（4）【节目监视器】面板用于预览素材制作效果。

（5）【源监视器】面板用于浏览原始素材。

> **提示** 对于面板工具，可根据个人剪辑习惯、显示器大小进行自由组合，也可进行浮动设置。

知识点 9　标记

标记可以帮助用户更轻松地管理和编辑媒体素材，标记分为单点标记和片段标记。

（1）单点标记一般用来标记关键帧的位置，可确保重写或调整效果时给予它们正确的时间轴位置。【添加标记】位于【节目监视器】面板，可直接单击【添加标记】按钮，或使用快捷键【M】来添加标记，如图1-15所示。双击标记，可设置标记的【名称】、【持续时间】、【注释】、【标记颜色】和标记类别，为后续剪辑工作做好标记分类，如图1-16所示。

图1-15

图1-16

提示 在使用不同类型的标记时，不要使用相同颜色的标记。采用不同的颜色类型和命名约定，可以更容易地分类、管理和查询。例如，将错误或问题的标记指定为红色，将组织文档或笔记的标记指定为蓝色等。

（2）片段标记使用到的工具是【标记入点】和【标记出点】，【标记入点】用来标识每个主要场景的开始位置，【标记出点】用来标识每个主要场景的结束位置，以便更快地找到需要的素材片段，如图1-17所示。在进行视频粗剪时，标记过的片段可以直接拖曳到【时间线】中，如果只需要拖动标记片段的音频或者视频，可以单击【仅拖动视频】或【仅拖动音频】按钮，这样可大大提高粗剪的效率，对复杂的剪辑项目尤为有用。

图1-17

知识点 10 【选择工具】

【选择工具】是 Premiere Pro 中最常用的工具之一，快捷键是【V】，如图 1-18 所示。其作用是选择剪辑、移动剪辑以及调整剪辑的位置。除此之外，使用该工具还可以选中嵌套序列的嵌套标头，然后调整大小和位置；选择要裁剪的剪辑端点，将鼠标指针放在裁剪线上并拖动鼠标，即可裁剪剪辑。

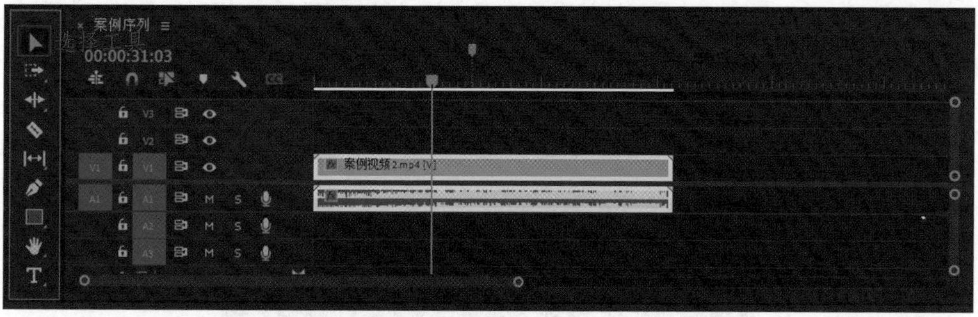

图1-18

按住【Shift】键的同时使用【选择工具】单击素材，可以选择或者取消选择时间线上连续的多个素材。

按住【Alt】键的同时使用【选择工具】单击素材，可以单独选择在链接状态下的视频或者音频，进行移动素材和调整素材的操作。这样做可以省去取消编组或取消链接的操作。

在选择【选择工具】的前提下，按住【Alt】键并拖曳素材，可以在时间线上复制相应素材。

知识点 11 【剃刀工具】

　　【剃刀工具】是编辑视频时经常用到的一种工具，快捷键为【C】，如图 1-19 所示。使用该工具可以在时间轴上将素材分成两段或多段，然后删除或保留片段，以便于更好地控制剪辑的长度和内容。使用快捷键【Ctrl+K】可以根据播放头指针位置切割素材。使用【剃刀工具】时要格外小心，削减素材可能会影响整个项目，使后续操作无法再使用之前被切走的素材。

图1-19

　　使用【剃刀工具】时，按住【Shift】键，鼠标指针会变成双刀片的形状，可以同时裁剪在时间线上所有轨道中的素材。按住【Alt】键，可以单独裁切在链接状态下的视频或者音频素材。

知识点 12 【音频剪辑混合器】

　　在音频的剪辑处理中，【音频剪辑混合器】是进行音频调节必不可少的工具。通过【音频剪辑混合器】可以控制各个音频轨道和音频剪辑之间的音量、平衡和独立播放。在【音频剪辑混合器】中，每个音频轨道都会显示为滑块，并且可以分别控制相应音量级别，从而调整系统声音，如图 1-20 所示。

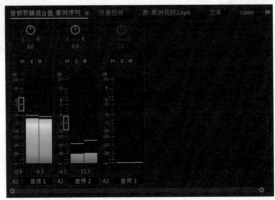

图1-20

知识点 13　关键帧动画

关键帧记录着某个属性，设置关键帧是制作动画效果的一种简便的方法。关键帧动画就是根据关键帧属性的变化和时间的变化产生的动画效果。完成一次动画创作至少需要两个关键帧，一个处于属性变化的起始位置，另一个处于属性变化的结束位置。制作关键帧动画的步骤如下。

（1）单击小码表按钮（图中标注"小码表"的位置）会在播放头位置生成第一个关键帧，如图 1-21 所示。

（2）移动时间线，改变属性数值信息。

（3）关键帧之间形成一段动画。

（4）单击六边形按钮（图中标注【添加 / 移除关键帧】的位置），生成关键帧。

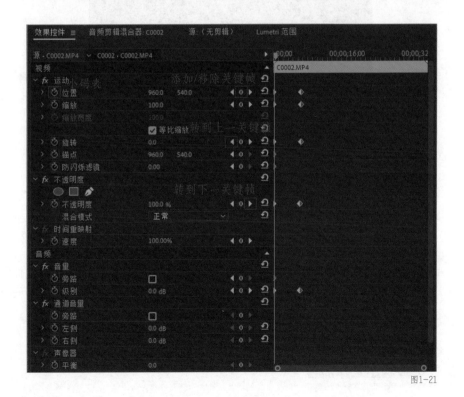

图1-21

快速转到关键帧：按住【Shift】键并移动时间线可以吸附到关键帧上；也可以单击【转到上一关键帧】或【转到下一关键帧】按钮。

删除关键帧：选中关键帧，按【Delete】键或者单击【添加 / 移除关键】按钮。

关键帧不仅可用于对视频效果的位置、旋转和缩放进行调整，也可以用于对音频效果进行调整，用途广泛。

知识点 14 【音量】

【音量】位于【效果控件】面板的【音频】中，如图 1-22 所示。【音量】可以改变声音的大小，这里用于修改音频素材的音量。修改音频【级别】的数值，可直接调整整段音频。想要改变某些声音片段的音量，可以通过创建和操纵音量关键帧来实现。

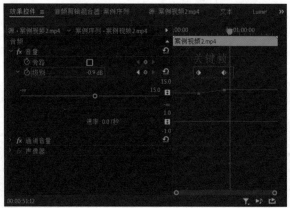

图1-22

【工作实施和交付】

首先要理解旅拍视频的需求，仔细分析素材，根据客户提出的景点、旅拍目的、风格、尺寸、内容等，用恰当的工具进行素材剪辑，添加与视频主题相匹配的音乐，并注意音乐与视频画面之间的配合，最终交付合格的视频。

分析素材并确定工作流程

在处理素材前，应多次观看和了解摄影师拍摄的素材，这样能够更好地把握素材、分析素材，适配项目需求，并快速形成初步的工作流程。

了解素材，确定整体风格。所制作视频项目用于个人短视频宣传，整体风格应活泼欢快。

分析素材景别，形成剪辑思路。客户交付的素材景别包含远景、全景、中景和近景等，可将无人机远景镜头作为片头，提高视频的观赏性；中间以各小景点空镜和人物游玩的镜头为主；片尾使用人物向远处奔跑的镜头，表达出一种结束、告别的情感。

整理素材顺序，撰写视频场景脚本。通过剪辑串联起整个视频故事，按照时间线有序安排每段视频的次序，并撰写场景脚本。

确定转场方式，把握视频风格。转场方式以无技巧转场为主，空镜（没有特定的人物，只有风景或者建筑物的镜头）为辅。为配合视频风格，选择欢快的音乐，使视频整体风格统一。

根据工作流程撰写场景脚本

根据摄影师所拍摄的素材，按照时间线有序安排每段场景的次序，根据次序撰写场景脚本，使视频有序且连贯，且能将项目要求里的视频内容包含全面，避免遗漏，如表1-1所示。场景中视频素材的衔接，采用前进式景别组接方式，从远景到近景，在每段场景之间使用远景空镜进行过渡，更顺畅地连接每个场景。按照场景脚本的要求，将素材归类整理，如图1-23所示。

注意 整理场景脚本，有助于梳理视频顺序。不要随心所欲地组合素材，否则可能会导致视频出现混乱。

表 1-1

场 景	内 容	参考时长	类 型
场景 1	华生园梦幻城堡远景	8 秒	无人机航拍
场景 2	中央广场	6 秒	景区空镜
场景 3	中央广场游玩	20 秒	中、近景结合
场景 4	文化一条街	8 秒	近景
场景 5	金色蛋糕梦幻王国	10 秒	景区空镜
场景 6	华生园游玩	20 秒	中、近景结合
场景 7	放飞白鸽	8 秒	远、中、近景结合

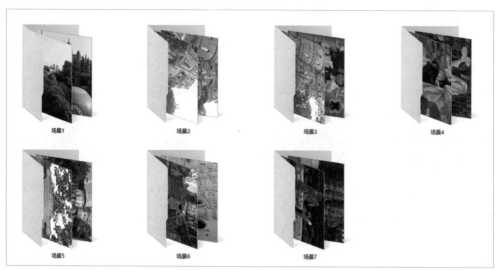

图1-23

导入素材，整理归类

首先根据项目文件制作要求，新建项目，新建序列，然后在【项目】面板中新建素材箱，根据视频场景脚本内容进行命名，将整理好的素材文件放在与场景脚本相对应的素材箱中，以便更轻松地浏览和组织剪辑视频，如图 1-24 所示。

图1-24

视频粗剪——筛选和排列素材

在【源监视器】面板中浏览素材，通过【标记入点】和【标记出点】工具完成视频的筛选，保留视频中运镜方式一致、景别拍摄完整、画面质量佳的素材。

将筛选好的素材直接拖入时间线，按照视频场景脚本，使用【选择工具】拖动视频素材，在【时间轴】面板中进行排列。依据场景脚本里的内容和时长等，使用【剃刀工具】截取每个场景素材里合适的视频画面，截取合适的视频画面的依据是运镜是否稳定和画面焦点是否明确等。粗剪完成的效果如图 1-25 所示。

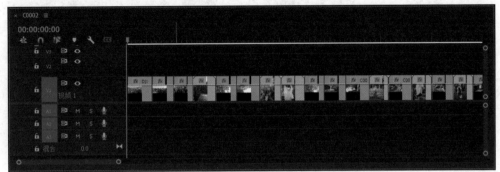

图1-25

视频精剪——音乐卡点、添加转场

对视频素材进行粗剪之后，导入提前找好的音频素材，使用【音量】与【音频剪辑混合器】将音频素材调整至合适的分贝，音乐的音量在 60 分贝左右。为了使视频画面的切换与节奏点相契合，在音频节奏变化明显的地方，使用【添加标记】进行卡点标记，如图 1-26 所示。在音乐节奏起伏大的地方和场景切换的时候，添加空镜转场。

注意　在卡点的过程中，要一步步添加标记，切勿随意更改音频的时长和顺序。

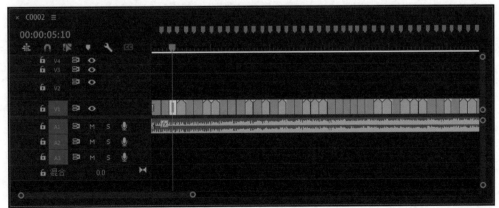

图1-26

剪辑结束后，将视频导出为 H.264（MP4）格式文件，将未经剪辑的源素材（客户提供的素材）、最终效果的 MP4 格式文件和工程文件按照要求命名，放到一个文件夹中提交给客户，如图 1-27 所示。

YYY_华生园梦幻城遗拍源素材_20230320　　YYY_华生园梦幻城遗拍工程文件_0320.prproj　　YYY_华生园梦幻城遗拍_20230320.mp4　　YYY_华生园梦幻城遗拍_20230320

图1-27

【拓展知识】

本项目中涉及剪切视频素材的工具，除此之外还有调整视频时长的工具。

知识点 【波纹编辑工具组】

【波纹编辑工具组】中的工具可以改变单个素材的长度，而不会影响整个项目的长度。相比于基本操作中使用【选择工具】移动后面的素材以留出波纹（波纹指的是两个素材之间留出的空隙）位置再调整素材头尾的方法，使用【波纹编辑工具组】中的工具直接修改相邻的素材无须进行多余的调整，更加便利和快捷。【波纹编辑工具组】一共有 4 个工具，分别为【波纹编辑工具】、【滚动编辑工具】、【比率拉伸工具】和【重新混合工具】，如图 1-28 所示。其中前三个工具比较常用。

图1-28

（1）【波纹编辑工具】的快捷键为【B】，单击素材的出点或入点，鼠标指针会变成黄色的箭头，可通过左右拖动素材来增加或减少画面。同时在【节目监视器】面板中会显示两个画面来帮助微调素材衔接的编辑点，如图 1-29 所示。

（2）【滚动编辑工具】的快捷键为【N】，与【波纹编辑工具】不同的是，该工具能够同时选择编辑点左侧素材的出点和右侧素材的入点进行编辑。使用【滚动编辑工具】调节两个素材的长短、修改画面内容时，整个项目的时长不变，并且不会影响其他素材的时长，如图 1-30 所示。

图1-29

图1-30

（3）【比率拉伸工具】的快捷键为【R】，如图 1-31 所示，【比率拉伸工具】可以调整素材的速度，以便与时间线上空出的波纹相匹配。这相当于对素材做变速处理，通常用于填补波纹空隙或者让画面与音乐节奏点相匹配。该工具可以实现视频时间长度的增加或减少，同时保持视频素材内容不变，即通过改变持续时间或百分比的方式对视频素材进行拉伸或压缩。

提示 在使用【比率拉伸工具】时，应尽量避免对原始素材进行过度的变换，以免影响视频的整体速度和质量。

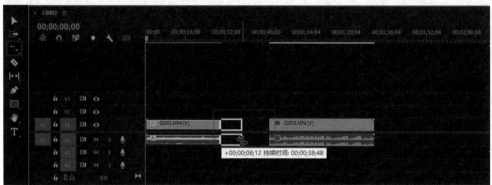

图1-31

【作业】

假设你现在是一名 Premiere Pro 后期剪辑师。在夏天即将到来之际，某旅行博主要去你所在城市旅行，参观一些景点，并分享她的旅游过程，让观众了解景点概况。旅行博主联系你，需要你对拍摄的素材进行后期剪辑，并将最终的视频成片发给旅行博主确认。该博主确认无误后，将通过其自媒体账号发布视频。

项目要求

本项目视频用于个人旅游分享，作为生活纪念，传播媒体主要是自媒体平台。

（1）拍摄内容包含标志性建筑，各种餐饮店和小吃摊，特色商店和手工艺品店等。

（2）视频前后衔接要流畅，转场让人感到舒适，不要在视觉上给人带来突兀感。

（3）视频整体基调是活泼有趣，音乐风格、视频卡点要与视频基调保持一致。

（4）视频成片时长在 2 ～ 3 分钟，音频时长与视频时长相匹配。

项目文件制作要求

（1）文件夹命名为"YYY_某某景点旅拍视频_日期"（YYY 代表你的姓名，日期要包含年、月、日）。

（2）此文件夹包括以下文件：未经剪辑的源素材（摄影师提供的素材）、最终效果的 MP4（H.264）格式文件、.prproj 格式工程文件。

（3）视频帧大小为 1280h 720v，帧速率为 25 帧/秒，方形像素（1.0），场序为逐行扫描。

完成时间

拍摄与剪辑，共 3 天。

【 作业评价 】

序号	评测内容	评分标准	分值	自评	互评	师评	综合得分
01	镜头筛选	运镜抖动太大的画面是否去除； 画面焦点是否明确； 景点内容是否包含完整	25				
02	音频处理	音乐音量是否让人耳感到舒适； 音乐风格是否符合画面	20				
03	视频处理	与音乐节奏是否同步； 画面前后衔接是否自然； 景别组接是否有突兀感； 视频的文件格式、尺寸是否符合自媒体上传标准	35				
04	整体效果	音画的处理是否能准确表达主题； 成片在视觉体验上是否舒适	20				

注：综合得分 =（自评 + 互评 + 师评）/3

项 目 2

出游Vlog

Vlog即"视频博客"（Video blog），是一种利用视频记录日常生活、分享见闻和个人经历的博客形式，主要类型包含个人生活日常Vlog、出游Vlog、美食Vlog、娱乐Vlog、教育和知识型Vlog等。

出游Vlog主要用于记录出游时所看到、听到、感受到的点滴，分享出游体验、美食和旅游注意事项等内容，注重观点与经验的分享，以此为他人提供更多的出游参考和建议。

本项目主要讲解出游Vlog的制作（包含出游目的地的介绍、景点游览、美食推荐等多个方面），具体涉及如何通过Premiere Pro调整镜头内容的排列顺序和衔接方式，并结合音乐，运用添加字幕等后期技术手段，将出游体验传递给观众。

【学习目标】

学会运用 A roll 和 B roll 知识，掌握 Vlog 剪辑工作流程，学会使用 Premiere Pro 里的【时间线】、【变形稳定器】、【倒放速度】和添加字幕功能等对出游 Vlog 进行剪辑，掌握出游 Vlog 后期制作的方法和技巧。

【学习场景描述】

清明假期即将到来，博主小小打算在假期前去天津古文化街游玩，拍摄一个**出游 Vlog**，让观众对天津古文化街有所了解。博主小小联系你，需要你策划拍摄内容，撰写确定视频基调的镜号脚本，以便让**摄影师**完成镜号脚本中要求的拍摄内容以及天津古文化街的出游拍摄。拍摄完成后，需要你进行**后期剪辑**，最终的视频成片需要给博主小小确认，确认无误后，将通过其自媒体账号发布。

【任务书】

项目名称

小小的出游 Vlog。

项目资料

小小的出游素材，素材总共有 9 个场景。第一场景是按镜号脚本拍摄素材，拍摄的内容交代 Vlog 基调，包括出行人物、地点和时间。第二场景是对古文化街的简单介绍，第三场景穿插混剪过渡，第四场景是天津达仁堂国药文化展览馆。第五场景再次穿插混剪，第六场景是小小购买天津非物质文化遗产二嫂子煎饼果子，第七场景穿插混剪，第八场景为街边各种小摊商铺，最后第九场景收尾总结。代表性视频片段截图如图 2-1 所示。

图2-1

图2-1（续）

项目要求

本项目视频分享出游天津古文化街的经历，传达所见、所闻、所感，传播渠道主要是自媒体平台。

（1）视频内容应包含古文化街道路街景、知名展览馆、地域特色建筑和传统小吃等。

（2）视频 A roll 和 B roll 运用恰当，故事连贯顺畅，中心思想明确。

（3）视频的整体基调是轻松自然，音乐风格、字幕文字风格、调色风格均要与视频基调保持一致。

（4）视频成片时长在 6 ～ 7 分钟，音频时长要与视频时长相匹配。

项目文件制作要求

（1）文件夹命名为"YYY_ 小小的出游 Vlog_ 日期"（YYY 代表你的姓名，日期一般包含年、月、日）。

（2）此文件夹包括以下文件：未经剪辑的源素材（摄影师提供的素材）、最终效果的 MP4（H.264）格式文件、.prproj 格式工程文件。

（3）视频帧大小为 1280h 720v，帧速率为 25 帧 / 秒，方形像素（1.0），场序为逐行扫描。

完成时间

4 小时。

【任务拆解】

1. 分析项目需求，设计 Vlog 基调镜号脚本。

2. 分析素材并整理场景脚本。

3. 根据脚本整理素材。

4. 部分视频素材使用【变形稳定器】处理，使画面更加稳定。

5. 部分视频素材使用【倒放速度】完成倒放处理。

6. 粗剪 A roll，筛选和拼接素材，处理有瑕疵的音频。

7. 粗剪 B roll，筛选和拼接素材。

8. 制作片头。

9. 视频精剪，添加音乐和转场，视频、音频节奏保持一致。

10. 添加字幕解说视频内容。

【工作准备】

在进行本项目的制作前，需要掌握以下知识。

1. Vlog 的特点。

2. A roll 和 B roll 知识。

3. Vlog 剪辑工作流程。

4. 【时间线】的使用方法。

5. 【变形稳定器】的使用方法。

6. 【速度 / 持续时间】中【倒放速度】的使用方法。

7. 无损编辑音频时长的方法。

8. 字幕的添加方式。

如果已经掌握相关知识可跳过这部分，开始工作实施。

知识点 1　Vlog 的特点

在制作 Vlog 前，需要了解 Vlog 这种视频形式的特点。Vlog 大致有以下 5 个特点。

（1）视频化：Vlog 以视频为载体，通过画面、声音、色彩等丰富的手段直观、生动地表达内容，给观众带来更具有沉浸感的体验。

（2）个人化：Vlog 通常由个人或者小团体拍摄制作，展现出真实、独特的个人风格，制作者通过分享自己的生活和想法，使观众产生共鸣和认同。

（3）自由化：制作者可以自由选择拍摄的主题、方式、节奏等，表达自己的创意和思考。

（4）社交化：Vlog 能够通过各种社交平台进行传播，具有很强的社交性和互动性。观众可以在评论区留言，与制作者进行沟通。

（5）多元性：Vlog 主题涵盖广泛，可以是旅游、美食、生活、科技、娱乐等不同方面，满足不同用户的兴趣和需求。

知识点 2　A roll 和 B roll

A roll 和 B roll 是视频制作中的常用术语，指的是两种不同类型的镜头。在出游 Vlog 后期制作中，A roll 和 B roll 的穿插使用是非常重要的。

A roll 通常指决定视频节奏的核心素材镜头，讲述者在镜头前表演或述说情节，交代主线。B roll 通常指辅助的或次要的镜头，用于补充剧情和渲染感情。B roll 可以是场景的远景、近景、细节、背景等，也可以是与情节相关的其他素材，如动画、图表、演讲等。

A roll 和 B roll 的作用是在视频中表达故事、情感和信息，同时提高观众的兴趣和参与度。A roll是视频的核心素材，B roll是A roll的补充，二者共同构成了完整的视频作品。

知识点3　Vlog剪辑工作流程

在制作Vlog前，梳理Vlog剪辑工作流程是一项非常关键的准备工作。掌握该知识不仅有助于深入了解相关视频素材的收集、后期剪辑等工作流程，还能够促进其他类型Vlog项目后续剪辑工作的进行，并且保障最终剪辑成果的质量。Vlog剪辑工作流程分为以下两阶段。

素材拍摄阶段确认以下信息。

（1）拍摄设备：数码相机。

（2）画面尺寸：1920像素×1080像素。

（3）颜色模式：HLG。

（4）帧速率：25帧/秒、29.97帧/秒或30帧/秒。

（5）视频格式：MP4。

在拍摄前，可以根据需求确定主题，规划视频基调和拍摄内容，交代时间、人物、地点和相关要素，可以针对此内容整理镜号脚本（根据个人习惯和能力进行取舍），这样能够精细和高效地完成拍摄。

素材整理与剪辑阶段的工作流程如下。

（1）整理素材，编写场景脚本，按场景将素材分类。按照A roll和B roll的占比整理场景镜头类型。

（2）视频粗剪。为了能够跟随视频进程、分层展示Vlog主题，需要将内容分为A roll和B roll进行粗剪，突出展示频繁发生的活动和突出高潮部分，同时保证故事线清晰和画面自然平稳过渡。

（3）根据Vlog的主题内容判断是否需要制作片头，突出视频主题。例如，一般情况下，出游Vlog需要制作片头交代主题和地点，用风景或建筑物等画面吸引观众；生活日常Vlog在视频开头加文字标题说明主题即可，不必制作片头。

（4）视频精剪。添加背景音乐，并对背景音乐卡点，使视频画面与音乐节奏相匹配。

知识点 4 【时间线】

【时间线】是指以轨道的方式进行视频、音频组接和编辑的区域，剪辑工作都需要在【时间线】中完成，如图2-2所示。素材的片段需要按照播放的先后顺序，在【时间线】上从左到右排列在轨道上，然后使用各种编辑工具对这些素材进行剪辑操作。【时间线】分为上下两个区域，上方区域为时间标尺的显示区，下方区域为轨道编辑区。

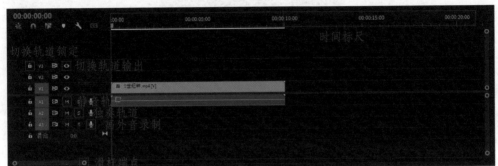

图2-2

（1）在处理素材时，如果默认状态下的视频轨道和音频轨道不够用，或者想要删除多余轨道，在相对应的轨道单击鼠标右键并选择【添加轨道】/【删除轨道】即可。

（2）【时间线】缩放：拖动下方滑杆端点，或者在英文输入法状态下，按【+】键可放大，按【-】键可缩小。

（3）调整轨道密度：单个轨道使用【Alt】键 + 鼠标滚轮调整，整体轨道使用【Shift】键 + 鼠标滚轮调整。

（4）【切换轨道锁定】：用于锁定和解锁轨道，工作时将已经剪好的视频或音频锁定，可以防止误操作导致删除或剪切了时间线上的素材。

（5）【切换轨道输出】：用于显示与关闭轨道上的素材。

（6）【静音轨道】：用于使当前音频轨道静音。

（7）【独奏轨道】：用于单独播放该音频轨道的声音。

（8）【画外音录制】：用于录音。

知识点 5 【变形稳定器】

在拍摄的源素材中，部分素材或多或少存在着画面抖动的问题，此时需要用到【变形稳定器】来稳定素材画面。在【效果】面板中，【变形稳定器】位于【视频效果】

文件夹的【扭曲】文件夹中（直接在搜索框输入文字搜索也可找到），如图2-3所示。将【变形稳定器】拖动到素材上，经过后台分析，会自动将素材调整为相对稳定的视频。可在【效果控件】面板中调整【平滑度】来改变视频的抖动程度，平滑度一般设置在20%左右，如图2-4所示。如果画面抖动非常厉害，可以将比例调大，但是平滑度若过大，视频质量会受到损失。

图2-3

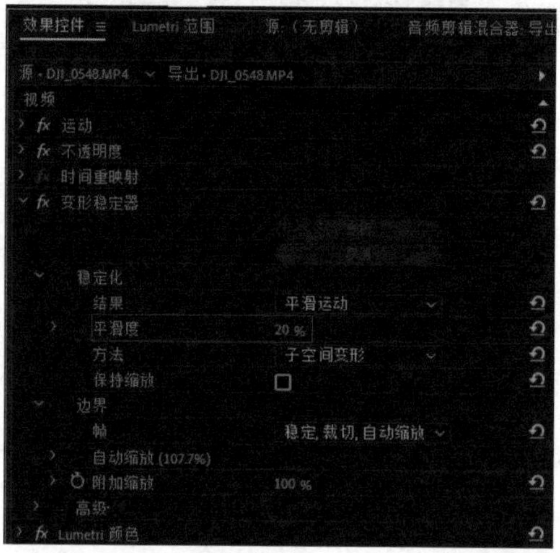

图2-4

知识点6 在【剪辑速度／持续时间】对话框中【倒放速度】

在处理视频素材时，可以通过视频的倒放来增加不同的拍摄效果，或者生成独特的视觉效果。选中素材，单击鼠标右键，选择【速度／持续时间】，在【剪辑速度／持续时间】对话框里，勾选【倒放速度】可完成视频倒放，如图2-5所示。改变【速度】的数值，可以调节播放速度。此外，可以使用快捷键【R】，通过【比率拉伸工具】来调节倒放速度。

图2-5

知识点 7　无损编辑音频时长

在剪辑中难免会遇到音频与视频时长不匹配的状况，若在 Premiere Pro 里直接伸缩音频，会使音频的音调、音色发生改变。若想"无损"拉长或缩短音频，需要选中音频素材，单击鼠标右键，选择【在 Adobe Audition 中编辑剪辑】，会自动跳转到专业音频编辑器 Adobe Audition。将波形轨道切换为多轨轨道，在 Audition 的【文件】菜单中选择【新建】→【多轨会话】，快捷键是【Ctrl+N】。选中音频，在【剪辑】菜单中选择【伸缩】→【伸缩属性】，将伸缩模式调整为【实时】，可以把有关时间伸缩的属性调出来，如图 2-6 所示。可以通过两种方式来编辑时长：一是在【持续时间】里直接输入指定的时长；二是在【伸缩】里指定比例，输入大于 100% 的数值进行延长，输入小于 100% 的数值进行缩短。如果打算用【伸缩】来解决音频长短问题，建议伸缩数值设在 80% ~ 120%，若拉慢太多，会出现失真的状况。针对这一状况，可以将模式换为【已渲染（高品质）】进行处理。

图2-6

修改完音频后，在【文件】菜单中选择【导出】→【导出到 Adobe Premiere Pro】，即可返回到 Premiere Pro。

提示　切换模式后，每次伸缩都是需要再次渲染的。如果觉得时间长，可以考虑先以【实时】模式进行编辑，确定导出时，再换成【已渲染（高品质）】模式进行渲染。

知识点 8 添加字幕

字幕在视频中起着很重要的作用，将字幕和音频结合起来，能让观众更加轻松地理解视频内容。添加字幕有以下 3 种方式。

在【窗口】菜单中选择【工作区】→【字幕和图形】，就会切换到【文本】面板，如图 2-7 所示。

图2-7

第一种方式【转录序列】可以自动添加字幕，单击该按钮以后，会弹出【创建转录文本】对话框，可以选择语言和音频所在的轨道等，以便自动生成字幕，如图 2-8 所示。

第二种方式【创建新字幕轨】可以自行输入字幕，如果是需要大量添加字幕的视频，这种方式效率较低，花费时间较长。

第三种方式【从文件导入说明性字幕】需借助其他软件操作，如将需要添加字幕的音频导出为 WAV 格式，导入剪辑软件剪映里自动识别字幕，将识别好的字幕存为 SRT 格式文件，导入 Premiere Pro 就可以使用。

添加字幕后，若想对字幕进行细节的设置，可以在【基本图形】面板中进行操作，如改变字体样式、文字大小、对齐方式、文字在屏幕中的位置和文字的外观等，如图 2-9 所示。若想改变文字的外观，需要先勾选需要改变的项目，如【填充】、【描边】、【背景】和【阴影】等。在【背景】和【阴影】中，可以根据具体需求，改变不透明度、角度、距离和大小等。

图2-8

图2-9

注意 添加字幕时，在节目监视器面板中单击【按钮编辑器】按钮，添加【安全边距】按钮后单击【安全边距】按钮，这时会在节目监视器面板中出现两个矩形线框，其中外侧线框是图像安全框，超出安全框的内容会在模拟信号中被裁切掉，内侧线框是字幕安全框，一般将文字放在这个安全框以内，以保证在各种环境下，文字都可以正常显示，如图2-10所示。

图2-10

【工作实施和交付】

首先需要充分理解客户的需求，根据客户的要求进行素材整理，按照故事线讲述视频内容，用恰当的工具进行出游 Vlog 剪辑，制作片头，添加与视频主题相匹配的音乐，并注意 A roll 和 B roll 内容所占的比例，最终交付合格的视频。

分析项目需求，设计 Vlog 基调镜号脚本

本项目用于记录游玩天津古文化街时的所见、所闻、所感，如果片头直接切入主题，视频会显得过于生硬，因此需要通过简单的故事叙述引入主题。在拍摄故事叙述时，需要简单地设计一个镜号脚本来交代视频的基调，包括时间、地点、人物等要素。按照上述思路，经过精心策划和推敲，最终确定的镜号脚本如表 2-1 所示。

表 2-1

镜 号	内 容	运 镜	景 别	参考时长
1	地铁站	固定机位	全景	2 秒
2	人准备上楼梯	跟镜	中景	3 秒
3	上楼梯	移镜	中景	2 秒
4	人在天桥上走	跟镜	近景	3 秒
5	人等地铁——侧	固定机位	远景	3 秒
6	地铁驶过——人后	固定机位	近景	2 秒
7	人上地铁——侧	固定机位	中景	3 秒
8	人坐地铁——正	固定机位	中景	3 秒
9	地铁外景	固定机位	全景	2 秒
10	古文化街门头	移镜	远景	2 秒
11	古文化街街景 1	推镜	远景	2 秒
12	戏楼	固定机位	远景	2 秒
13	古文化街街景 2	推镜	远景	3 秒

分析素材并整理场景脚本

在客户完成拍摄后，你要对素材进行分析。首先，根据事先撰写的镜号脚本组织视频基调，并进行简单的故事叙述，包括时间、地点、人物等，在第一场景片段中展现出来。其余素材包含古文化街介绍、达仁堂国药文化展览馆、街边特色小吃和一些街景等，根据整体的故事线有序排列并进行 8 个场景片段的划分，然后相应编写不同的场景脚本，详见表 2-2。

表 2-2

场 景	内 容	参考时长	类 型
场景 1	交代时间、地点、人物	35 秒	以 A roll、口播为主，混剪
场景 2	古文化街简单介绍	25 秒	以 A roll、口播为主，混剪
场景 3	片头	4 秒	B roll
场景 4	达仁堂文化展览馆	1 分 30 秒	A roll、B roll 混剪
场景 5	过渡到二嫂子煎饼果子	30 秒	以 B roll 为主，混剪
场景 6	二嫂子煎饼果子	1 分	A roll、B roll 混剪

（续）

场　景	内　容	参考时长	类　型
场景 7	过渡到街边场景	10 秒	以 B roll 为主，混剪
场景 8	街边场景	1 分	以 A roll 为主，混剪
场景 9	总结出游	15 秒	A roll

　　第二场景片段对古文化街进行了简单介绍。经过第一场景片段和第二场景片段的引入介绍，将第三场景片段设计为片头；第四场景片段是游览达仁堂国药文化展览馆；第五场景片段中进行了混剪过渡；第六场景片段则展示了品尝天津非物质文化遗产二嫂子煎饼果子的情形；第七场景片段是混剪过渡；第八场景展现了在街边走时看到的景象；第九场景则为结尾部分。整个 Vlog 分为 9 个场景，其中使用了 3 段过渡镜头，以使得各个片段之间的转换更为流畅，完整地展现出旅行历程及所见所闻。

　　通过这样的处理方式，能够将项目要求里包含的内容表达全面，对不同的素材进行合理的剪辑和编排。同时，经过统筹安排 A roll 和 B roll，可保证故事线连贯，中心思想明确，避免 Vlog 后期出现画面单调的问题。

根据脚本整理素材

　　根据镜号脚本的要求，筛选出运镜方式和景别对应的镜头，整理第一场景的素材，如图 2-11 所示。对于其他 8 个场景，参考场景脚本，首先挑选与场景内容符合的镜头，其次在运镜方式和景别方面实现多样化，将素材整理完成，如图 2-12所示。

图2-11

第八场景　　第二场景　　第九场景　　第六场景　　第七场景

第三场景　　第四场景　　第五场景　　第一场景

图2-12

添加【变形稳定器】稳定素材画面

对于第一场景的素材镜号 10，在视频拍摄时，由于手持设备不稳定，视频有较大晃动、抖动的问题。在 Premiere Pro 中导入第一场景的镜号 10，导入以后放在【时间轴】面板，将【变形稳定器】拖动到素材上，后台分析完成后会自动将素材调整为稳定的视频。在【效果控件】面板中将【平滑度】调整到 20%，此时的视频画面已经趋于平稳，如图 2-13 所示。

图2-13

运用【倒放速度】改变拍摄效果

第五场景的素材镜号 4 是以推镜方式拍摄的视频素材，画面从全景推到特写。在 Premiere Pro 中导入第五场景的镜号 4，导入以后放在【时间轴】面板，选中素材，单击鼠标右键，选择【速度 / 持续时间】，在【剪辑速度 / 持续时间】对话框中勾选【倒放速度】，【速度】的数值保持不变。经过倒放处理，将推镜变成拉镜，画面从特写拉到全景展示，以增加神秘感，激发观众的好奇心，如图 2-14 所示。

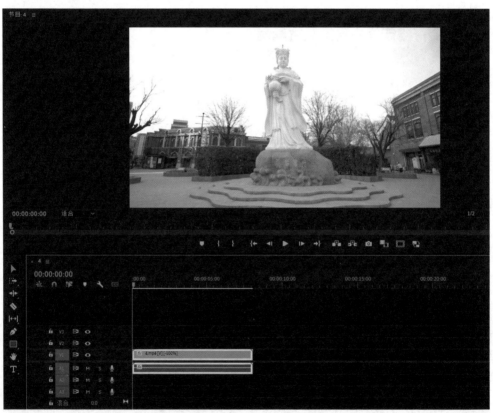

图2-14

图2-14（续）

粗剪 A roll

在部分素材处理完成以后，需要按照场景脚本，将每个场景对应的 A roll 按照故事线进行粗剪，确定视频主画面。在 Premiere Pro 中导入每个场景对应的 A roll 素材，在【项目】面板里选中素材并将其拖曳到时间轴上，可以一次性选中多个素材，按故事线进行排列，也可以用快捷键【，】插入素材。将素材中的 NG 画面（拍摄时出现失误或错误的场景）和多余的气口画面（指的是视频或音频剪辑中处理声音时，将音频片段截取到一定长度，使其呈现出自然的呼吸节奏和流畅的语速，让观众听起来更加舒适自然）删除，保留和场景脚本中时长对应的素材，如图 2-15 所示。

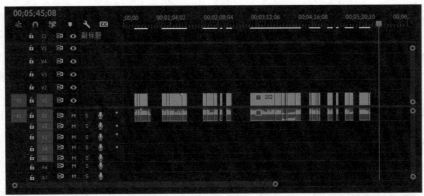

图2-15

在排列素材的过程中发现第四场景中素材 13 的音频与视频时长不匹配，由于是人声音频，需要用到处理声音的软件 Adobe Audition。跳转到 Adobe Audition 后，将波形轨道切换为多轨轨道，在 Audition 的【文件】菜单中选择【新建】→【多轨会话】。选中音频，在【剪辑】菜单中选择【伸缩】→【伸缩属性】，将伸缩模式调整为【实时】，将有关时间伸缩的属性调出来。在【伸缩】里指定比例，数值为 105%，对声音进行延长，如图 2-16 所示。

图2-16

粗剪 B roll

当把 A roll 视频画面在轨道上平铺好以后，开始加入 B roll 视频画面，以起到补充剧情、过渡场景、丰富画面的作用。在【源监视器】面板挑选截取画面，挑出有用的部分。B roll 大部分素材都不需要音频，在【源监视器】面板提取素材时，单击【仅拖拽视频】按钮，只保留视频素材即可，如图 2-17 所示。

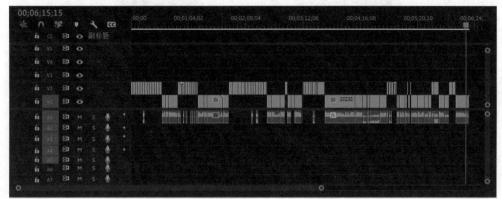

图2-17

制作片头

在 Vlog 的 A roll 和 B roll 粗剪完成后，视频框架已经确定。为了突出主题、吸引观众，需根据视频内容制作片头。挑选一段好看的街景视频，然后添加文字标题，文字标题是提前制作好的 PNG 格式图片，直接导入即可。将文字标题图片放在片头视频素材上方轨道，在【视频效果】中选择【交叉溶解】，形成淡入淡出效果，使文字标题和视频素材更好地融合，前后画面衔接自然，不会给人带来突兀感，如图 2-18 所示。

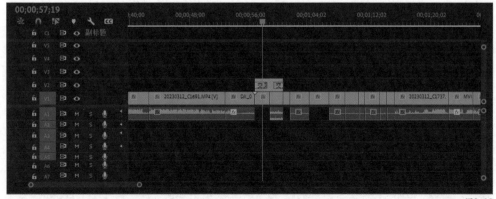

图2-18

图2-18（续）

视频精剪——添加音乐、转场

　　在对挑选好的素材进行精剪时，将预先选择好的背景音乐添加进去，并在变化显著的地方进行卡点标记。在添加音乐之后，由于视频素材的剪辑点与音乐的卡点可能不完全匹配，需要逐一调整每一个视频素材的剪辑点，以确保画面和声音之间的衔接自然流畅，使视频内容和音乐完美地结合在一起，如图 2-19 所示。

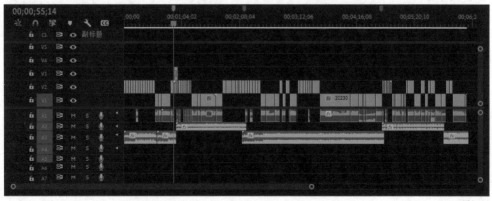

图2-19

添加字幕解说视频内容

现在给视频添加字幕。切换到【文本】面板，用【转录序列】自动添加字幕，单击该按钮以后，弹出【创建转录文本】对话框，语言选择简体中文，音频所在的轨道选择音频1，会自动生成字幕，如图2-20所示。字幕的【字体】选择等线，【文本样式】选择Light，居中对齐文本。字幕位置底中心对齐，【设置垂直位置】的数值设为-70。在【外观】中，【填充】设为白色，【阴影】设为黑色，【不透明度】设为100%，【角度】设为135°，【距离】设为3.0，【大小】设为6.0，【模糊】设为12，如图2-21所示。

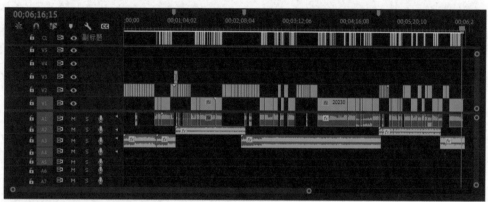

图2-20

图2-21

剪辑结束后，将视频导出为 H.264（MP4）格式，将未经剪辑的源素材（摄影师提供的素材）、最终效果的 MP4 格式文件和工程文件按照要求命名，放到一个文件夹中提交给客户，如图 2-22 所示。

YYY-小小的出游vlog源素材-20230403　　YYY-小小的出游vlog工程文件-20230403.prproj　　YYY-小小的出游vlog-20230403.mp4　　YYY-小小的出游vlog-20230403

图2-22

【拓展知识】

本项目出游 Vlog 涉及人声音频时长处理，需要配合使用 Adobe Audition。Vlog 中常常使用背景音乐，会用到【重新混合工具】调整音频的时长以符合视频时长，以及在音频之间添加过渡效果。

知识点 1 【重新混合工具】

【重新混合工具】用于调整音频的时长，它位于【波纹编辑工具】组内，如图 2-23 所示。选中想要调整的音频，直接拖曳调整到想要的时长即可，系统会进行自动融合过渡处理，完成音频部分的调整，如图 2-24 所示。或者在【窗口】菜单中选择【基本声音】，调出【基本声音】面板，勾选【持续时间】，在【目标持续时间】中指定时长，如图 2-25 所示。

图2-23

图2-24

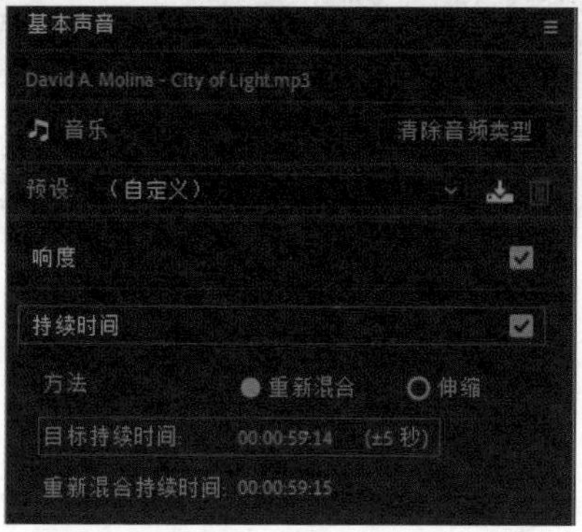

图2-25

知识点2 音频常用转场

音频在视频里起着至关重要的作用。添加多个音频后，可能会出现声音大小不一致、音频与音频之间衔接生硬等问题，此时就需要在两段音频之间加入音频过渡转场。

音频过渡转场主要有【恒定功率】、【恒定增益】和【指数淡化】这3种。【恒定功率】产生的效果更符合人耳的听觉习惯，【恒定增益】和【指数淡化】这两种效果会使声音缺乏变化、显得很机械。

在【效果】面板中，打开【音频过渡】文件夹中的【交叉淡化】文件夹，如图2-26所示，直接将效果拖曳到音频衔接处，以解决音频过渡生硬的问题。在【效果控件】面板中设置【持续时间】和【对齐】，以调整转场的时长和位置，如图2-27所示。

图2-26

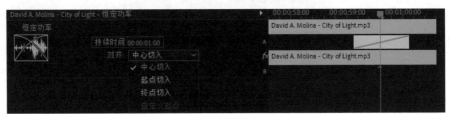

图2-27

【作业】

假设你现在是一个 Premiere Pro 后期剪辑师，你所在城市的一位美食博主准备录制一个家常菜制作 Vlog。美食博主联系你，需要你进行后期剪辑，最终的视频成片需要给博主确认，确认无误后，将通过其自媒体账号发布。

项目资料

美食博主提供拍摄素材，但是需要你与美食博主的摄影师沟通拍摄内容以及细节。

项目要求

本项目视频用于博主在自媒体上传播，分享美食制作过程。

（1）拍摄内容包含准备食材、调味品配比和制作步骤等。

（2）视频分 A roll 和 B roll 讲述，衔接自然，故事线明确，突出重点。

（3）视频整体基调是轻松自然，音乐风格、字幕文字、调色风格均要与视频基调保持一致。

（4）视频成片时长在 5 分钟左右，音频时长与视频时长相匹配。

项目文件制作要求

（1）文件夹命名为"YYY_某某某美食 Vlog_日期"（YYY 代表你的姓名，日期要包含年、月、日）。

（2）此文件夹包括以下文件：未经剪辑的源素材（摄影师提供的素材）、最终效果的 MP4（H.264）格式文件、.prproj 格式工程文件。

（3）视频帧大小为 1280h 720v，帧速率为 25 帧 / 秒，方形像素（1.0），场序为逐行扫描。

完成时间

拍摄与剪辑，共 3 天。

【作业评价】

序号	评测内容	评分标准	分值	自评	互评	师评	综合得分
01	镜头筛选	NG 画面去除； 气口画面去除	25				
02	音频处理	背景音乐风格是否符合主题； 人声音频素材处理是否存在瑕疵	20				
03	视频处理	A roll 和 B roll 占比是否合适； 画面与音乐节奏是否协调； 画面稳定性的处理是否合适	30				
04	整体效果	字幕添加是否正确； 声音、画面和字幕是否风格统一	25				

注：综合得分 =（自评 + 互评 + 师评）/3

项 目 3

服装服饰广告片

广告片是一种特定的商业宣传工具。传统商业广告片通常在电视等平台播放，而新商业广告片，由于其制作周期短、投入成本低和传播速度快的特性，通常被电商、互联网传媒等平台广泛使用，通过图像和声音等手段向大众传递所宣传产品或服务的信息，以达到视觉传播的目的。按拍摄内容分类，广告片的主要类型有品牌类、产品类、服务类和公益类等。

服装服饰广告片是产品广告的一种类型，其目的是更好地向用户展示商品，提升企业品牌形象，进而推销服装或服饰，通常用在电商平台的详情展示页面。服装服饰广告片通常会通过模特展示服装样式，配合音乐、图像和文字说明来提升艺术感和商业价值。

本项目主要讲解服装服饰广告中旗袍广告片的制作，主要画面包含旗袍的裁剪、缝合和配扣等多个工艺流程，通过Premiere Pro调整素材的播放速度，结合音乐，利用添加转场效果等后期技术手段，将旗袍的美展现给观众。

【学习目标】

学会运用服装服饰广告片的剪辑工作流程和转场知识，使用 Premiere Pro 的【向前选择轨道工具】组、【速度 / 持续时间】、【运动】，以及添加视频转场等手段进行服装服饰广告片的剪辑，掌握服装服饰广告片后期制作的方法和技巧。

【学习场景描述】

春夏交替，非遗古法旗袍定制服装店的老板绘制了一组新的图案样式，制作了几款旗袍，准备在换季期间上市。他需要你拍摄并剪辑一部广告片，用于新品定制、售卖宣传。服装模特由服装店老板提供。服装店老板联系你，提出拍摄和剪辑需求，需要你策划拍摄内容，和**摄影师**沟通细节，完成广告片素材的拍摄。拍摄完成后，需要你进行**后期剪辑**，首先进行粗剪，完成后发给客户**首次确认**视频大致内容是否符合需求。确认符合需求后，对视频进行精剪以及合成，发送成片，客户**二次确认**后，完成工作任务。

【任务书】

项目名称

"非遗古法旗袍"广告片。

项目资料

"非遗古法旗袍"拍摄素材总共有 31 个片段，素材单个时长大于镜号脚本中的参考时长，拍摄的内容包含旗袍图案的绘制、领子的缝制、纽扣的盘制和成品的展示等。代表性视频片段截图如图 3-1 所示。

图3-1

图3-1（续）

项目要求

本项目视频用于旗袍宣传，主要用于在各个销售平台中展示、推广产品。

（1）视频内容应包含旗袍图案的绘制和勾边、布料缝合、盘扣的制作和成品的展示等。

（2）视频前后衔接要流畅，转场应让人感到舒适，不要在视觉上给人带来突兀感。

（3）视频整体基调是古风古韵，音乐风格、调色风格均要与视频基调保持一致。

（4）视频成片时长在1分钟左右，音频时长与视频时长相匹配。

项目文件制作要求

（1）文件夹命名为"YYY_非遗古法旗袍广告片_日期"（YYY代表你的姓名，日期要包含年、月、日）。

（2）此文件夹包括以下文件：未经剪辑的源素材（摄影师提供的素材）、最终效果的MP4（H.264）格式文件、.prproj格式工程文件。

（3）视频帧大小为1280h 720v，帧速率为25帧/秒，方形像素（1.0），场序为逐行扫描。

完成时间

3小时。

【任务拆解】

1. 根据项目要求，制作镜号脚本。
2. 根据镜号脚本筛选、排列镜头。
3. 使用【速度/持续时间】处理素材，降低播放速度。
4. 使用【运动】调整部分素材的画面大小。
5. 粗剪视频，筛选和排列素材。
6. 精剪视频，添加音乐和转场。

【工作准备】

在进行本项目的制作前，需要掌握以下知识。

1. 产品广告的分类。
2. 产品广告片剪辑工作流程。
3. 【选择轨道工具组】的使用方法。
4. 【速度/持续时间】的使用方法。
5. 【运动】的使用方法。
6. 转场。
7. 常用视频转场的使用方法。

如果已经掌握相关知识可跳过这部分，开始工作实施。

知识点 1　产品广告的分类

了解产品广告的分类有助于明确广告定位，有针对性地确定广告策略，突出产品广告片的主题。产品广告片按照产品类型大致可以分为以下几种。

（1）实物产品广告：能够实际触摸、使用的产品推广。这类广告通常是针对消费型产品，如衣服、食品、化妆品、护肤品、电器、家具等。

（2）文化艺术产品广告：文化艺术作品的推广，例如电影、音乐、绘画、展览等。

（3）教育培训产品广告：培训和教育类产品的宣传，包括语言培训、职业培训、学历进修等。

（4）新兴产业产品广告：在新兴产业领域内出现并得到关注的产品的推广，例如新能源汽车、智能家居、VR技术产品等。

（5）文化创意产品广告：将传统文化与时尚元素结合或者通过新型技术转化而成的产品的宣传，如手工艺品、民间文化产品等。

知识点 2　产品广告片剪辑工作流程

在剪辑服装服饰广告片前，整理产品广告片剪辑工作流程是必不可少的。产品广告剪辑工作流程分为以下两个阶段。

素材拍摄阶段确认以下信息。

（1）拍摄设备：专业相机。

（2）画面尺寸：4K（3840像素×2160像素），便于后期对素材进行裁切。

（3）颜色模式：HLG。

（4）帧速率：100帧／秒或120帧／秒。

（5）视频格式：MP4。

在拍摄前，进行产品定位，按照要求策划镜号脚本，展示其相关内容。

素材整理与剪辑阶段的工作流程如下。

（1）依据制作好的镜号脚本，挑选拍摄内容、运镜方式和景别类型与镜号脚本对应的素材。

（2）按照故事线进行视频粗剪，将产品设计、材质、细节等方面清晰地表现出来，让观众能够感受到产品的美、品质和风格。情节的叙述要符合逻辑，从设计到成品，展示其制作流程以及特色。

（3）精剪视频，使视频内容与音频节奏匹配，根据前后画面内容添加技巧转场。

提示 文中所述的专业相机是指拍摄时可自行调整画面尺寸、帧速率、颜色模式等参数的相机（摄像机）。在条件允许的情况下，选择功能更多的高端相机更佳。

知识点 3 【选择轨道工具组】

【选择轨道工具组】中有两个工具，一个是【向前选择轨道工具】，另一个是【向后选择轨道工具】，如图 3-2 所示。这两个工具用于选取时间线上一个或多个素材，当素材较多时，可以选择多个素材进行位置的调整，提高剪辑效率。

图3-2

【向前选择轨道工具】的快捷键是【A】，选择【向前选择轨道工具】，鼠标指针会变成向右的双箭头，可选择所单击素材箭头方向的所有轨道中的素材，如图 3-3 所示。

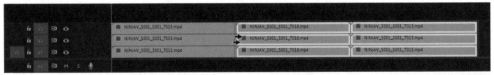

图3-3

在使用【向前选择轨道工具】时，按住【Shift】键，鼠标指针会变成向右的单箭头，可选择所单击素材后面单条轨道中的所有素材，如图 3-4 所示。

图3-4

【向后选择轨道工具】的快捷键为【Shift+A】，选择【向后择轨道工具】，鼠标指针会变成向左的双箭头，可选择所单击素材箭头方向的所有轨道中的素材，如图 3-5 所示。在使用【向后选择轨道工具】时，按住【Shift】键，鼠标指针会变成向左的单箭头，可选择所单击素材前面单条轨道中的所有素材。

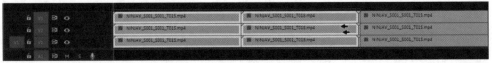

图3-5

知识点 4 【速度 / 持续时间】

【速度 / 持续时间】用于改变剪辑的速度和持续时间，从而实现快进、慢动作或倒放等效果。剪辑的速度是指其回放速率与录制速率之比。剪辑的持续时间是指从入点到出点的播放时长。可以设置视频或音频剪辑的持续时间，让它们通过加速或减速的方式填充持续时间。

选中要编辑的素材，单击鼠标右键，然后选择【速度 / 持续时间】，在弹出的【剪辑速度 / 持续时间】对话框中可通过修改【速度】的数值改变素材播放速度，如图 3-6 所示。数值为 100%，表示以正常速度播放视频；数值小于 100%，表示减速播放；数值大于 100%，表示加速播放。

图3-6

知识点 5 【运动】

【运动】位于【效果控件】面板中，如图 3-7 所示。添加【运动】效果，可以改变视频的位置、缩放和旋转等。

图3-7

【位置】中两个数值分别代表 x 轴和 y 轴，改变数值大小可以改变画面位置，进而选取合适的画面。通过更改【缩放】的数值，可以调节视频的画面大小。数值小于100.0时，画面缩小；数值大于100.0，画面放大。也可以直接双击【节目监视器】面板中的画面，调节画面锚点来改变位置和缩放画面。例如，通过调整画面的大小和位置，突出画面主体和细节，裁掉主体外的其他物体，如图3-8所示。

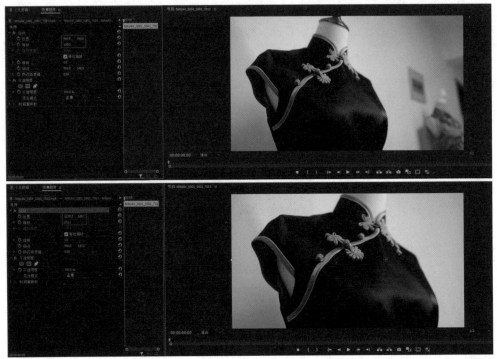

图3-8

知识点6　转场

将镜头剪辑在一起就形成了视频，段落与段落、场景与场景之间的过渡称为转场。"转"代表转换，"场"代表场景。转场的作用是分隔画面内容和过渡画面。分隔画面内容是把两个场景所发生的的情节内容分隔开，避免观众在剧情上产生混淆。过渡画面是指在场景转换的时候，添加过渡，渲染气氛，让画面更连贯。转场分为无技巧转场和技巧转场。

无技巧转场指的是在视频剪辑中通过画面剪接来实现场景过渡；技巧转场指利用简单的动画效果来完成转场过渡，增强视觉吸引力和表现力。

> **提示** 技巧转场的使用前提是前后镜头差异较大。有时若素材比较平庸、制作时间有限，也可用技巧转场来弥补素材缺陷或增加成片时长。并不是每两个镜头的衔接都需要使用技巧转场。

知识点7 常用视频转场

常用的一些视频转场效果位于【效果】面板中的【视频过渡】。选择【溶解】，其中常用的有【交叉溶解】、【叠加溶解】、【胶片溶解】、【白场过渡】和【黑场过渡】等，如图3-9所示。

【交叉溶解】也被称为"交叉淡出/淡入"，是指第一个画面慢慢变暗并逐渐消失，同时第二个画面变亮并逐渐出现，两个画面在淡出淡入的过程中有重叠的效果。常用于表示时间流逝、刻画人物内心情绪，解决画面跳跃的问题。

【叠加溶解】是指将后一个画面的颜色信息添加到前一个画面，然后从后一个画面中减去前一个画面的颜色信息。

【胶片溶解】和【交叉溶解】差不多，只是【胶片溶解】会有灰度系数过渡，画面的对比度产生细微的变化。

【白场过渡】也被称为"闪白"或"交叉白"，是指一个画面消失并且逐渐变成纯白色，然后纯白色逐渐淡出并显示下一个画面，常用于强调抒情、回忆等，表示时间的跨越。

【黑场过渡】也被称为"闪黑"或"交叉黑"，是指第一个画面逐渐变成黑色并淡出，下一个画面逐渐从黑色中淡入。常用于一段视频的开始、结束或者区分段落。

图3-9

需要添加转场时，将转场效果拖动到两个素材的衔接处，如图 3-10 所示。转场默认时间是 1 秒（s），可以根据需要调整转场的时长，有两种方式设置转场时长。第一种是选中转场效果，在【效果控件】面板里修改【持续时间】，如图 3-11 所示。第二种是双击转场效果，在弹出的【设置过渡持续时间】对话框中输入数值，如图 3-12 所示。图 3-11 中青色矩形会随着播放头的移动显示每种视频转场两个画面的变化效果，勾选【显示实际源】选项，会将青色矩形变成轨道上实际的源素材。

> **注意** 在设置【持续时间】时，应确保将转场的时长控制在适当的范围内，时长太短可能使素材衔接过于突兀，时长太长可能会使观众产生视觉疲劳。

图3-10

图3-11

图3-12

【工作实施和交付】

首先要准确理解客户的需求，策划、撰写镜号脚本。剪辑内容应重点展示服装的设计、质感、细节和成品等。用恰当的工具进行服装服饰广告片的剪辑，经过客户两次确认后，最终交付合格的视频。

根据项目要求制作镜号脚本

所制作项目用于旗袍宣传，在销售平台中展示产品、推广产品，素材包含旗袍图案的绘制、领子的制作、盘扣的制作、成品的展示等。按照故事线，将视频分为 3 个片段进行制作。视频的第一部分是以砚台滴墨特写作为开头，渲染出传统文化的氛围，引出非遗传承人拿着画笔在布料上绘制图案。第二部分是非遗传承人依照图案进行刺绣、缝制领子、制作盘扣。第三部分结尾展示旗袍细节以及成品，表现出旗袍典雅、温柔的气质。

运镜方式包括推镜、拉镜、摇镜、移镜、跟镜和固定镜头。景别包括远景、全景、中景、近景、特写。景别组接方式为开头采用两级式，起到冲击视觉的作用；其他片段以同等式为主，后退式为辅。音乐选择古风且没有歌词的音乐。转场以技巧转场为主，包含【交叉溶解】、【胶片溶解】、【白场过渡】和【黑场过渡】等。按照上述思路，经过细化、推敲和排列，策划的镜号脚本如表 3-1、表 3-2 和表 3-3所示。

表 3-1

镜 号	内 容	运 镜	参考时长	景 别
1	砚台	移镜	1 秒	特写
2	颜料滴入水中	固定镜头	1 秒	全景
3	颜料在水中散开	固定镜头	1 秒	特写
4	蘸取颜料	移镜	1 秒	特写
5	笔颜料	拉镜	1.1 秒	全景
6	绘制图案 1	移镜	2 秒	近景
7	绘制图案 2	拉镜	1.1 秒	特写
8	旗袍细节 1	推镜	2 秒	特写
9	旗袍细节 2	移镜	2 秒	特写
10	旗袍细节 3	拉镜	2 秒	近景
11	旗袍细节 4	固定镜头	3.5 秒	中镜

表 3-2

镜　号	内　容	运　镜	参考时长	景　别
12	刺绣 1	推镜	2.5 秒	近景
13	刺绣 2	固定镜头	3 秒	特写
14	旗袍细节 5	移镜	1 秒	特写
15	旗袍细节 6	移镜	2 秒	特写
16	缝制领子 1	移镜	2 秒	全景
17	缝制领子 2	固定镜头	1 秒	近景
18	制作盘扣 1	移镜	1.5 秒	全景
19	制作盘扣 2	移镜	2 秒	特写
20	盘扣细节 3	拉镜	2 秒	特写
21	旗袍细节 7	摇镜	2 秒	近景
22	旗袍细节 8	移镜	2 秒	近景
23	模特 1	拉镜	3 秒	中景

表 3-3

镜　号	内　容	运　镜	参考时长	景　别
24	模特展示旗袍细节 1	移镜	2 秒	特写
25	模特展示旗袍细节 2	推镜	2 秒	特写
26	模特 2	固定镜头	2 秒	中景
27	模特 3	推镜	2 秒	近景
28	模特 4	移镜	2 秒	中景
29	旗袍细节 9	移镜	1 秒	特写
30	旗袍细节 10	移镜	2 秒	特写
31	旗袍	移镜	5 秒	中景

根据镜号脚本筛选、排列镜头

摄影师拍摄完成以后，根据镜号脚本去除对焦不佳的画面和抖动严重的画面，保留画面内容表达清晰、运镜方式和镜号脚本相对应、有利于前后画面衔接的镜头。筛选完成后源素材总共有 31 个，如图 3-13 所示。

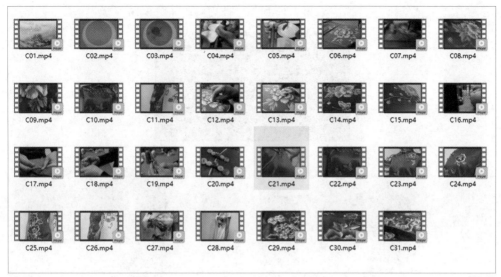

图3-13

使用【速度 / 持续时间】降低播放速度

由于拍摄完的素材是用于展示旗袍细节以及制作过程的，因此需要对部分素材做降速处理。将素材导入 Premiere Pro，选中素材，单击鼠标右键，然后选择【速度 / 持续时间】，在【剪辑速度 / 持续时间】对话框里将【速度】的数值修改为 25%，降低视频的播放速度，如图 3-14 所示。

图3-14

调整【运动】改变画面大小

素材镜号 25 和 26 是红色旗袍成品展示，为了让观众将注意力放在衣服效果上，需要将画面放大。将素材导入 Premiere Pro，选中素材，在【效果控件】面板中，将【缩放】的数值修改为 112.7，如图 3-15 所示。前后对比如图 3-16 所示。

图3-15

图3-16

视频粗剪——筛选和排列素材

　　需要处理的素材修改完成以后，进行粗剪。按照镜号脚本将视频素材排列到【时间轴】面板中。在排列素材时，使用【向前选择轨道工具组】中的工具，可以更快地调整素材顺序。依据镜号脚本里的运镜和时长截取每个镜号素材里合适的视频画面，截取时需考虑运镜是否一致、画面内容是否有瑕疵，以及上下镜号素材是否能良好衔接。粗剪完成的效果如图 3-17 所示。

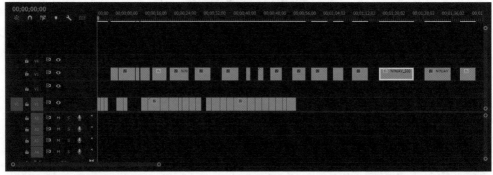

图3-17

视频精剪——添加音乐、转场

在音频节奏变化明显的地方进行卡点标记，调整素材速度或者时长，使得视频画面与画面的切换大部分与节奏点相契合。

由于前三个镜头时长较短，且拍摄的是同一个物体，为了避免视觉上的闪烁感，保持视频流畅性和连贯性，要在镜头之间添加【交叉溶解】转场效果，如图3-18所示。给其他素材片段添加【交叉溶解】转场效果，也是为了避免带来视觉上的突兀感，使视频流畅、连贯。

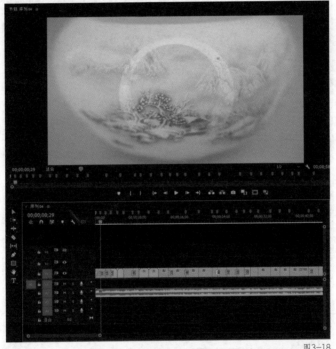

图3-18

在绘制图案的两个镜头之间，为了增加画面的艺术感和叙事感，呈现出更加柔和、梦幻的感觉，添加【胶片溶解】转场效果，如图3-19所示。

在第一部分与第二部分衔接场景过渡时，为了增加视觉冲击力，起到类似于白色闪光灯的效果，添加【白场过渡】转场效果，如图3-20所示。

在展示刺绣细节图案的两个镜头之间，为了保证两个画面内容的良好衔接和连贯，同时突出刺绣细节的美感，添加【叠加溶解】转场效果，如图3-21所示。

为了让片头引起观众的好奇心，以及为了让故事情节收尾，通常要在片头和片尾添加【黑场过渡】转场效果，如图3-22所示。

图3-19

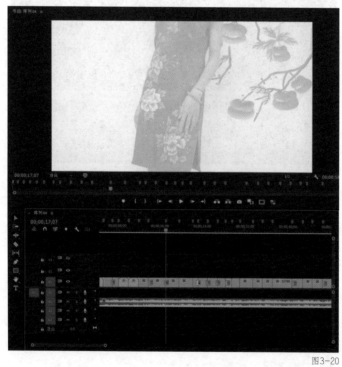

图3-20

图3-21

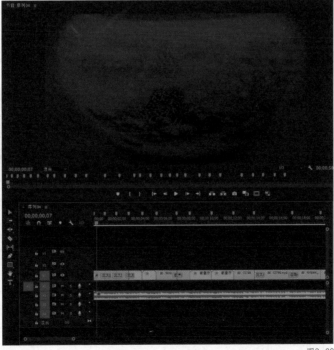

图3-22

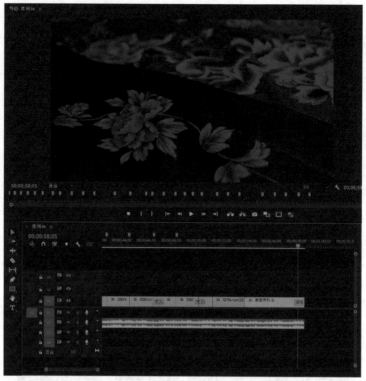

图3-22（续）

转场效果整体添加情况如图 3-23 所示。通过添加上述不同转场效果，提高了画面与画面之间的连贯性和流畅性，从而实现了独特的创意。

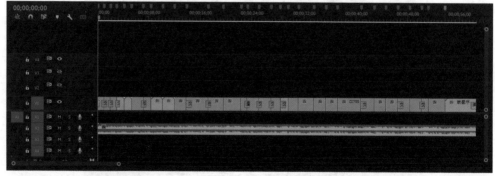

图3-23

剪辑结束后，将视频导出为 H.264（MP4）格式，将未经剪辑的源素材（摄影师提供的素材）、最终效果的 MP4 格式文件和工程文件按照要求命名，放到一个文件夹中提交给客户，如图 3-24 所示。

YYY_非遗古法旗袍广告片源素材_20230403

YYY_非遗古法旗袍广告片工程文件_20230403.prproj

YYY_非遗古法旗袍广告片_20230403.mp4

YYY_非遗古法旗袍广告片-20230403

图3-24

【拓展知识】

本项目中涉及的画面背景与主题一致，但有些广告片在拍摄时，背景可能是绿幕，需要在后期进行合成。要制作出合成效果，需要了解选区的操作方式，常用的有蒙版、【超级键】和【轨道遮罩键】。

知识点1　蒙版

蒙版并不是一种效果，而是一个工具，这个工具基于各种属性或效果产生作用。在实际使用中，蒙版通常能起到两个作用：第一个是局部显示画面，第二个是局部添加效果。蒙版常常用于创造视觉焦点、实现图文混排、隐藏或遮挡元素和制作创意过渡等。在广告片中，通常用于在特定区域内制作特效或叠加素材、添加局部视觉焦点、突出产品功能或优点等。

1. 蒙版效果和蒙版工具

蒙版所呈现的具体效果是什么，取决于当前蒙版工具应用于【不透明度】、【高斯模糊】还是【Lumetri 颜色】选项卡。其他蒙版效果，读者可自行组合和尝试。例如，将蒙版添加到【不透明度】选项卡下，可以调整蒙版选区内画面的透明程度；将蒙版添加到【高斯模糊】选项卡下，可以调整蒙版选区内画面的模糊程度；将蒙版添加到【Lumetri 颜色】选项卡下，可以调整蒙版选区内画面的颜色属性。

（1）将蒙版添加到【效果控件】面板的【不透明度】选项卡中，如图 3-25 所示，默认【蒙版不透明度】为 100%、【不透明度】为 100%。最终呈现出来的效果就是蒙版选区内的画面保留显示、蒙版选区外的画面消失。通过调整【不透明度】可以改变蒙版选区内草莓的透明程度，如图3-26所示。

图3-25

图3-26

（2）将蒙版添加到【效果控件】面板中的【高斯模糊】选项卡，如图3-27所示，呈现出来的效果是蒙版选区内的画面变得模糊，蒙版选区外的画面不变。通过调整【模糊度】可以改变蒙版选区内草莓的模糊程度，如图3-28所示。

图3-27

图3-28

（3）将蒙版添加到【效果控件】面板的【Lumetri颜色】选项卡，如图3-29所示。通过调整【Lumetri颜色】可以改变蒙版选区内草莓的颜色属性，包括色相、饱和度和明度等（在调色部分会做详细介绍，在这里了解蒙版可以作用于【Lumetri 颜色】选项卡即可），蒙版选区外的画面保持不变，如图 3-30 所示。

图3-29

图3-30

通过位于各种选项卡下的【椭圆工具】、【矩形工具】和【钢笔工具】，可以绘制出各种形状的蒙版，如图 3-25、图 3-27 和图 3-29 所示。使用【椭圆工具】可生成椭圆形蒙版；使用【矩形工具】可生成矩形蒙版；使用【钢笔工具】可以绘制各种形状，如图 3-26 所示的草莓形状。

2. 蒙版属性

蒙版属性主要包括【蒙版路径】、【蒙版羽化】、【蒙版不透明度】、【蒙版扩展】和【已反转】，如图 3-31 所示。

图3-31

【蒙版路径】可以记录蒙版形状与位置的属性关键帧动画；【蒙版羽化】可以让蒙版形状边缘过渡更加自然；【蒙版不透明度】可以控制蒙版局部效果的强弱程度，【蒙版不透明度】默认值为 100%，此时蒙版选区内的画面全部显示，将数值降到 0% 时蒙版选区内的画面全部消失；【蒙版扩展】可以改变蒙版大小；勾选【已反转】复选框，可以将蒙版内部和蒙版外部的选区对调。

知识点 2 【超级键】

【超级键】主要用于抠单色背景素材，可以快速抠除背景颜色，从而达到控制局部的作用。在广告片中，可以抠除绿幕背景，添加符合广告片主题的背景图片，合成最终效果图。在【效果】面板中，【超级键】位于【视频效果】文件夹的【键控】文件夹中，如图3-32所示。

图3-32

下面的案例将演示更换单色背景，将蓝色天空变为黑色天空，营造深夜氛围感，素材如图3-33所示。

图3-33

将单色背景的天空素材导入，将【超级键】拖曳到素材上，为其添加【超级键】，【主要颜色】吸取纯色部分，将【输出】切换为【Alpha通道】显示黑白图，以清晰查看是否抠除干净，黑色为通透，白色为不通透。调节【遮罩生成】下的参数，控制【Alpha 通道】的黑白强度；调节【遮罩清除】下的参数，控制图像边缘细节；【溢出抑制】下的参数用于控制图像反射的环境色；【颜色校正】下的参数用于调节图像色彩属性，如图 3-34 所示。

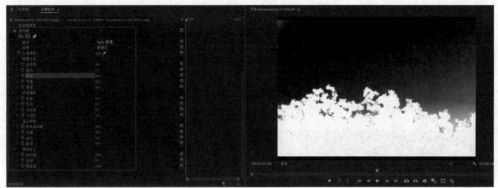

图3-34

设置好参数后，将【输出】设置为【合成】，完成抠除蓝色背景。添加背景素材的颜色时，一般情况下，要修改【超级键】效果中的【颜色校正】，使素材的颜色与背景颜色统一，本案例中就需显示黑色，所以不用更改颜色，如图 3-35 所示。

图3-35

知识点 3 【轨道遮罩键】

运用【超级键】对蓝绿背景素材进行抠像非常方便快捷，但是如果需要素材在特殊的图形范围内显示，就需要使用蒙版工具或【轨道遮罩键】来完成。在广告片中，【轨道遮罩键】常用于多种素材合成的情况，例如将文字与视频素材合成、在字里面显示视频素材，或是将图形与视频素材合成、在特定的图形中显示视频素材。下面的案例讲解如何使素材在灰色矩形框内显示。【轨道遮罩键】和【超级键】位于同一个文件夹，轨道遮罩是通过上下两层素材共同实现最终效果的，下层为纹理层（V1 轨道），上层为遮罩层（形状层，V2 轨道），效果如图 3-36 所示。

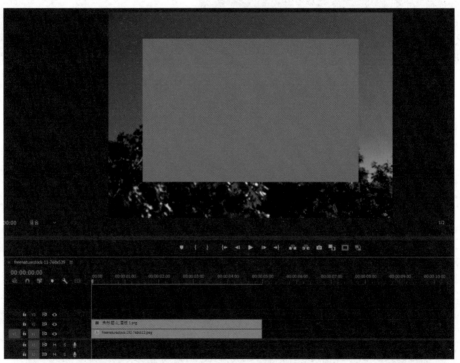

图3-36

将【轨道遮罩键】添加到纹理层，在【效果控件】面板中，将【遮罩】设为【视频 2】。如果想要读取形状层的透明形式，【合成方式】可以设置为【Alpha 遮罩】。形状层透明，纹理层透明；形状层不透明，纹理层不透明，形状范围内的纹理是不透明的，如图 3-37 左图所示。如果想要读取形状层的颜色形式，【合成方式】可以设置为【亮度遮罩】。形状层颜色越亮，纹理层越不透明；形状层颜色越暗，纹理层越透明，如图 3-37 右图所示。因为形状层是灰色的，明度较低，所以纹理层为半透明。

图3-37

【作业】

这段时间你所在城市的某护肤品品牌商家准备在换季期间推出新款护肤品，为了给新品做宣传，增加新品的知名度，传递品牌价值，需要为新护肤产品拍摄并剪辑一部广告片。商家联系你，需要你进行拍摄策划和后期剪辑，护肤品的拍摄模特由商家提供。首先你要对素材进行粗剪，之后发给客户（商家）首次确认视频大致内容是否符合需求。确认符合需求后，你要对视频进行精剪以及合成，最终发送成片，进行二次确认，确认无误后，完成工作任务。

项目资料

商家提供产品拍摄用具，但是需要你与摄影师沟通拍摄内容以及细节。

项目要求

本项目视频用于护肤品新品宣传，展示护肤品的相关信息，主要是用于在购物软件中展示产品。

（1）拍摄内容包含护肤品产品外观、成分介绍、主要功效、受众群体、使用方法、产品使用效果和品牌价值观等。

（2）视频故事线连贯顺畅，突出卖点和创意，传递品牌价值观。

（3）视频整体基调是温和舒适，音乐风格、文字设计、调色风格均要与视频基调保持一致。

（4）视频成片时长在1分钟左右，音频时长与视频时长相匹配。

项目文件制作要求

（1）文件夹命名为"YYY_护肤品广告片_日期"（YYY代表你的姓名，日期要包含年、月、日）。

（2）此文件夹包括以下文件：未经剪辑的源素材（摄影师提供的素材）、最终效果的MP4（H.264）格式文件、.prproj格式工程文件。

（3）视频帧大小为1280h 720v，帧速率为25帧/秒，方形像素（1.0），场序为逐行扫描。

完成时间

拍摄与剪辑，共3天。

【作业评价】

序号	评测内容	评分标准	分值	自评	互评	师评	综合得分
01	镜头筛选	画面裁切是否合适； 产品的卖点镜头是否保留； 是否突出产品创意	25				
02	音频处理	音乐风格是否符合主题； 音乐时长是否与视频时长匹配	20				
03	视频处理	画面前后衔接是否自然； 画面与音乐节奏是否协调； 视频的文件格式和尺寸是否符合发布平台上架标准	25				
04	整体效果	视频速度处理是否自然； 技巧转场的运用是否得当	30				

注：综合得分 =（自评 + 互评 + 师评）/3

项目 4

城市航拍宣传片

宣传片，是传播者有针对性地选取信息，并通过视频媒介对目标群体进行宣传，从而对其产生影响的影视类型。宣传片的主要类型有企业宣传片、产品宣传片、服务宣传片、品牌宣传片、社会公益宣传片、旅游宣传片、政府宣传片和城市宣传片等。

城市宣传片主要以城市为背景，呈现城市景点、环境、文化等方面的特色，去向全国乃至全世界展示城市的形象和特点，以此来推动城市旅游业和城市经济的发展。

本项目主要讲解城市宣传片的制作，包含城市的历史、文化、自然风光、特色产业、人文气息等多个方面，通过Premiere Pro调整镜头内容的排列顺序和衔接方式，结合音乐，通过添加字幕、调色等后期技术手段，将城市的魅力展现给观众。

【学习目标】

学会运用城市宣传片剪辑工作流程、色彩相关知识和调色流程，使用 Premiere Pro 的【时间重映射】、【效果控件】面板中的【不透明度】、添加字幕功能、添加音乐功能和调色功能等进行城市宣传片的剪辑，掌握城市宣传片后期制作的方法和技巧。

【学习场景描述】

假设你现在是一个 **Premiere Pro 后期剪辑师**。夏季来临，天津市旅游部门准备制作一部**天津市航拍宣传片**，用于宣传天津的知名景点、标志性建筑物、人文历史等，吸引游客前来游玩，推动城市经济发展。旅游部门（客户）联系你，需要你对素材进行**后期剪辑**。你首先进行粗剪，发给客户**首次确认**视频大致内容是否符合需求。确认符合需求后，对视频进行精剪以及合成，发送成片，客户**二次确认**后，完成工作任务。

【任务书】

项目名称

"你好，天津"航拍宣传片。

项目资料

"你好，天津"航拍素材，总共48个片段，单个素材时长大于镜号脚本中的参考时长。拍摄的内容包含天津地标性建筑物世纪钟、"天津之眼"摩天轮和"天塔"（天津广播电视塔）。知名景点有津湾广场、民园、宁园和国家海洋博物馆，道路交通方面有滨江道、南京路、高铁、轮船，还有一些高楼大厦、居民楼、小洋楼、湖面等。

代表性视频片段截图如图 4-1 所示。

图4-1

图4-1（续）

项目要求

本项目视频用于城市宣传，作为城市名片，传播媒体主要是自媒体平台、数字广告屏幕和网站等。

（1）视频内容应包含城市地标性建筑物、人文历史、知名景点、道路交通、高楼大厦和风景等，但要注意不得出现敏感内容。

（2）视频前后衔接要流畅，转场应让人感到舒适，不要在视觉上给人带来突兀感。

（3）视频整体基调是庄重明亮，音乐风格、文字设计、调色风格均要与视频基调保持一致。例如背景声音主要是节奏感强、庄重、没有歌词的音乐；文字风格偏向于遒劲有力；调色风格侧重于蓝青色调等。

（4）视频成片时长在 3 ～ 4 分钟，音频时长与视频时长相匹配。

项目文件制作要求

（1）文件夹命名为"YYY_天津市航拍宣传片_日期"（YYY 代表你的姓名，日期要包含年、月、日）。

（2）此文件夹包括以下文件：未经剪辑的源素材（摄影师提供的素材）、最终效果的 MP4（H.264）格式文件、.prproj 格式工程文件。

（3）视频帧大小为 1280h 720v，帧速率为 25 帧 / 秒，方形像素（1.0），场序为逐行扫描。

完成时间

4 小时。

【任务拆解】

1. 浏览素材，制作场景脚本。
2. 对场景素材进行质量评估并整理。
3. 对部分视频素材使用【时间重映射】完成升格处理。
4. 粗剪视频，筛选和拼接素材。
5. 精剪视频，添加音乐和转场，视频、音频节奏保持一致。
6. 添加字幕，通过【不透明度】做字幕渐显效果。
7. 通过一级调色修正素材颜色。
8. 通过二级调色使视频风格化。

【工作准备】

在进行本项目的制作前，需要掌握以下知识。

1. 城市宣传片的定义及类型知识。
2. 城市宣传片剪辑工作流程知识。
3. 【时间重映射】的使用方法。

4. 字幕【不透明度】的设置方法。

5. 色彩三要素知识。

6. 摄影三原色及其补色知识。

7. 调色流程。

8. 【Lumetri 范围】的使用方法。

9. 【Lumetri 颜色】面板的使用方法。

如果已经掌握相关知识可跳过这部分，开始工作实施。

知识点 1　城市宣传片的定义及类型

城市宣传片作为一种现代传播形式和手段，以强烈的视觉冲击力和影像震撼力展现城市形象，概括性地展示一座城市的经济、历史、文化底蕴及内涵，被视为一座城市的视觉名片。

城市宣传片从内容上大致可以分为 4 类：城市形象宣传片、城市旅游宣传片、城市招商引资宣传片、城市项目申报宣传片。

城市形象宣传片，主要针对城市形象进行宣传，包括城市的人文历史、建筑交通、风俗习惯和经济产业等元素，以此来呈现城市的独特魅力和特色，形成城市名片。

城市旅游宣传片，着重展示城市美丽风景、特色景观、建筑文化等旅游资源，以吸引游客，推动城市旅游业的发展。

城市招商引资宣传片，突出宣传该城市的发展潜力，整体展示该城市的区位优势、人才资源、产业支撑等方面，以吸引企业前来落户，为城市经济发展注入动力。

城市项目申报宣传片，主要针对当地政府项目申报制作专题片，例如各类项目申报、政策出台公布，帮助政府机关进行宣传。

知识点 2　城市宣传片剪辑工作流程

确立宣传片剪辑工作流程是剪辑宣传片之前必不可少的步骤，有助于后续剪辑工作的顺利开展。城市宣传片剪辑工作流程分为以下两个阶段。

素材拍摄阶段确认以下信息。

（1）拍摄设备：专业航拍无人机和数码相机。

（2）画面尺寸：4K（3840 像素 ×2160 像素）。

（3）颜色模式：专业航拍无人机为 S-LOG，相机为 HLG。

（4）帧速率：100 帧 / 秒或 120 帧 / 秒。

（5）视频格式：专业航拍无人机为 MOV，相机为 MP4。

素材整理与剪辑阶段的工作流程如下。

（1）整理素材，根据素材以及项目内容要求整理场景脚本。

（2）对素材质量进行评估，评估内容包括画面的稳定性、拍摄方式、画面内容的视觉冲击力和拍摄类型等。质量可划分为 A、B、C 3 个等级，A 等级画面拍摄平稳，视觉冲击力强，如延时摄影（通过控制相机拍摄的时间间隔和持续时间，得到一系列静态图像，并将这些图像组合成动态影像，常用于表现缓慢变化的场景，如日落、星轨、云彩运动和昼夜交替等）拍摄的素材；B 等级画面拍摄平稳，视觉冲击力一般，如相机升格拍摄的素材；C 等级画面拍摄平稳，视觉冲击力较弱，如无人机航拍的素材。

（3）粗剪视频，将背景音乐分为平缓、上升、高潮和结尾 4 部分，平缓部分以排列 C 等级素材为主，上升部分排列 B 等级素材和 A 等级素材，高潮部分以排列 A 等级素材为主，结尾部分排列 C 等级素材中具有象征意义的画面。

（4）精剪视频，卡点背景音乐，仔细斟酌素材排列顺序，以及在节奏转折明显处使用合适的转场方式。

（5）合成视频，添加标题、字幕和调色等。

知识点 3 【时间重映射】

在学习【时间重映射】前，需要了解升格的一些知识。升格原为电影拍摄术语，指摄影机带动胶片转动的速度加快，一般摄影机带动胶片拍摄是 24 格 / 秒，就是一秒的视频由 24 个画面组合而成。升格之后，速度提高了，也就出现了"慢动作"镜头。

升格是相机以每秒 60 帧、100 帧或者 120 帧来完成拍摄，每秒记录的画面分别是 60 个、100 个或者 120 个。

视频升格可以让画面更有高级感、电影感、质感和艺术感，也可以让一些手持拍摄的画面变得更加稳定，让动作或者画面的变化更加细微。

　　【时间重映射】位于【效果控件】面板，如图4-2所示。【时间重映射】可以改变视频的播放速度，而音频不变。这里将升格拍摄的视频的播放速度降低，使画面更稳定。操作方式很简单，向上拖曳时间线（见图4-2中标注）会加速视频；向下拖曳时间线会减速视频。【速度】的数值（图4-2中左侧红色矩形框内）为100.00%时，速度正常；大于100.00%时，视频加速；小于100.00%时，视频减速。

> **提示** 若想在一段视频里让某些片段加速或减速，可在想要变速的地方添加关键帧，在添加关键帧的区域（图4-2中标注"关键帧"位置）拖曳时间线。

图4-2

知识点4　设置字幕的【不透明度】

　　【不透明度】与【时间重映射】都位于【效果控件】面板，如图4-3所示。添加【不透明度】可以使字幕呈现出逐渐显示的效果，在字幕开始显现和想要字幕完全显示出来的地方添加关键帧，将字幕开始显现的关键帧的【不透明度】改为0.0%，字幕完全显现出来的关键帧的【不透明度】是100.00%，效果如图4-4所示。

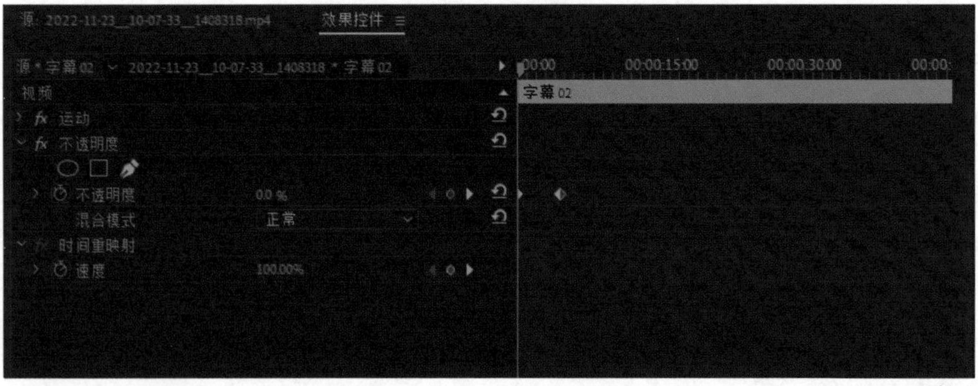

图4-3

图4-4

知识点5 色彩三要素

画面色彩对观众的视觉冲击力和情感体验有很强的影响力，为了准确地传达情绪，需要先了解色彩三要素。

色彩三要素指的是色相（色调）、饱和度（纯度）和明度（亮度）。

色相，也被称为色调，指颜色在色轮上所处的位置。例如，红色、黄色、绿色等都具有不同的色相，如图4-5所示。

图4-5

饱和度，也被称为纯度或彩度，表示颜色的纯度或强度，即颜色的鲜艳程度。颜色的饱和度越高，看起来就越鲜艳、越强烈，如图4-6所示。

明度，也被称为颜色的亮度，指颜色的明暗程度。

恰到好处地调整色相、饱和度、明度经过后期的调整，能够有效地传递给观众画面背后的情感和意义。

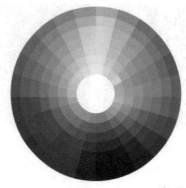

图4-6

知识点 6　摄影三原色及其补色

　　了解摄影三原色（光的三原色）及其补色，有助于更好地理解颜色、光、图像以及后期调整颜色时需要注意的问题。

　　摄影三原色是红（R）、绿（G）和蓝（B）。

　　摄影三原色的补色是青色，由绿色和蓝色混合而来（红色的补色）；品红色，由红色和蓝色混合而来（绿色的补色）；黄色，由红色和绿色混合而来（蓝色的补色），如图4-7所示。

图4-7

知识点 7　调色流程

　　后期调色是指在后期制作阶段对影像的色彩的明度、对比度、饱和度、色相等多个方面的调整。后期调色对视频的制作具有重要意义，不仅能够塑造完整的形象和意境，还能有效地去除画面的瑕疵。在后期调色之前，首先要了解调色流程。源素材一般是灰度模式，需要经过一级调色和二级调色将素材画面调整到合适的颜色。一级调色主要是色彩还原，矫正基本参数，调整整体画面色彩、亮度等，把素材画面调整到正常的状态。二级调色主要是细节调整及风格化处理，调整画面的层次、突出主体等，根据风格需求进行进一步细节的渲染。调色要遵循从大到小、从整体到局部的原则。

知识点 8 【Lumetri 范围】——辅助观察颜色变化

由于人眼对颜色的认知存在差异以及剪辑师在长时间盯着屏幕工作的情况下容易产生视觉疲劳，画面若出现色偏或者曝光不准确的问题，人眼很难分辨，此时可以借助辅助工具去观察颜色以及了解画面曝光分布。

调色时，在工作区单击【颜色】栏，在【Lumetri 范围】里勾选【矢量示波器 YUV】、【分量（RGB）】和【波形（亮度）】，效果如图 4-8 所示。

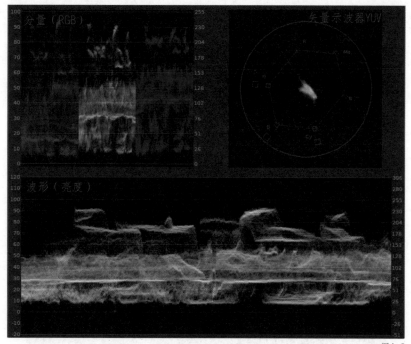

图4-8

（1）【矢量示波器 YUV】用于判断画面的饱和度和颜色倾向，每个字母分别代表着对应的颜色，R代表红色，G代表绿色，B代表蓝色，C代表青色，M代表品红色，Y代表黄色，连在一起就是常见的色环，如图4-9所示。从圆心开始，越往外，颜色的饱和度越高。六边形区域代表饱和度安全区域，调色时，颜色只要在这个区域里，就说明颜色是"安全"的。也有特殊情况，例如想通过某个颜色去渲染强烈的情绪或氛围的时候，颜色可以超出安全区域。

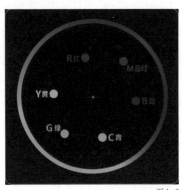

图4-9

（2）【分量（RGB）】用于判断画面的白平衡是否准确和画面的颜色倾向，当红、绿、蓝不在一条直线上时，代表白平衡偏移，如图4-10所示。

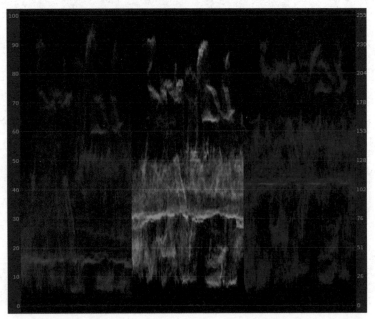

图4-10

（3）【波形图（亮度）】显示当前画面中对应像素的亮度信息，从上至下分别是画面素材的高光、中间调和阴影，100 对应最亮（白色）、50 对应中灰、0 对应最暗（黑色），如图 4-11 所示。

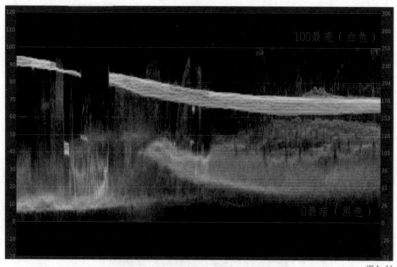

图4-11

图 4-12 所示为原图（上）与亮度调整不当的效果（下）的对比，图 4-12 的下图高光部分波形为 100、阴影部分波形为 0。波形为 100 时，丢失亮部细节，高光缺乏细节，变成白色；波形为 0 时，丢失暗部细节，被黑色代替，暗部区域就是"死黑"的。

图4-12

知识点 9　调色工具【Lumetri 颜色】面板

【Lumetri 颜色】面板是后期调色中非常强大的一款工具，可以用来对视频文件的颜色进行校正、调整和优化，提高视频质量。在【窗口】菜单中勾选【Lumetri 颜色】，会自动跳出【Lumetri 颜色】面板。【Lumetri 颜色】面板主要有 6 部分，分别是【基本矫正】、【创意】、【曲线】、【色轮和匹配】、【HSL 辅助】和【晕影】，如图 4-13 所示。一般情况下，【基本矫正】和【创意】用于一级调色，【曲线】、【色轮和匹配】、【HSL 辅助】和【晕影】用于二级调色。本项目涉及【Lumetri 颜色】面板中的【基本矫正】、【创意】、【曲线】和【色轮和匹配】，其余两部分在拓展知识做详细讲解。

图4-13

（1）【基本矫正】包括图 4-14 所示的内容，调整【基本矫正】时向左或向右拖动滑块即可，常用参数的解释如下。

▌【输入 LUT】：根据相机的型号参数和设置，对画面颜色进行矫正。

▌【白平衡】：描述显示器中红、绿、蓝混合生成的白色的精确度。

▌【曝光】：画面的明亮程度。

▌【对比度】：画面中最亮部和最暗部之间的差异程度。

▌【高光】：画面中的亮部。

▌【阴影】：画面中的暗部。

▌【白色】：画面中较亮的部分，影响范围比高光大一些。

▌【黑色】：画面中较暗的部分，影响范围比阴影大一些。

▌【饱和度】：均匀地调整画面中颜色的饱和度。一般不用这项，而是用【创意】中的【自然饱和度】。

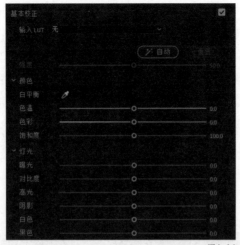

图4-14

（2）【创意】包括的内容如图 4-15 所示，调整时向左或向右拖动滑块即可。

▌【Look】：为预设滤镜，【强度】用于调整滤镜效果的强度。

▌【淡化胶片】：用于给图片添加胶片效果，使图片具有怀旧、柔和和温暖的风格。

▌【锐化】：提高锐化值会使画面更加清晰，降低锐化值会使画面变得模糊。

▌【自然饱和度】：只会调整图中饱和度低的部分，保护已饱和的颜色（常用）。

▌【饱和度】：色彩的鲜艳程度，要根据画面表现需求进行调整。

图4-15

接下来通过一个具体示例讲解一级调色思路：分析原图黑场是否到位，高光有没有恢复或者溢出，画面的对比度和饱和度够不够，根据拍摄环境确认白平衡有没有偏离。

观察图4-16，图片处于灰色调，黑场没有到位（画面中趋向黑色的部分呈纯黑，且阴影不自然），高光没有恢复（画面中白色部分为纯白，且高光不自然），画面的对比度和饱和度都不够，从【分量（RGB）】中观察到红、绿、蓝在一条直线上，白平衡基本没有偏离。分析完画面以后，有两种解决方式。第一种是直接在【输入LUT】中选择与拍摄机器型号一致的LUT，第二种是手动调整对应选项的滑块。推荐使用第二种方式，这有利于提高个人对画面的分析能力和更好地体现个人风格。

图4-16

分析完图片存在的问题以后，调整相应的选项。黑场没有到位，为此调整【黑色】和【阴影】使黑场到位；高光没有恢复，为此调整【白色】和【高光】使高光恢复；画面对比度和饱和度不够，调整【基本矫正】中的【对比度】和【创意】中的【自然饱和度】，增加对比度和饱和度。一级调色完成后的效果如图4-17所示，基本还原了正常色彩。

（3）【曲线】主要用于对画面颜色进行更加精准的调整，调整亮度和对比度、对颜色进行校正和提高视觉效果，包含【RGB曲线】和【色相饱和度曲线】两部分。

▌【RGB曲线】有4个色块，白色代表明度曲线，可以改变画面的亮度；红色通道曲线、绿色通道曲线和蓝色通道曲线可以改变画面中的颜色，如图4-18所示。白色色块下的【RGB曲线】，从左到右显示的是亮度信息，从黑色到白色，通过辅助线划分为几个区域，分别是纯黑、阴影、中灰、高光和白色。为了有更好的调整效果，可以在辅助线与白色斜线交点处添加3个点，在对应区域调整想要的效果，如图4-18左上角图所示。

图4-17

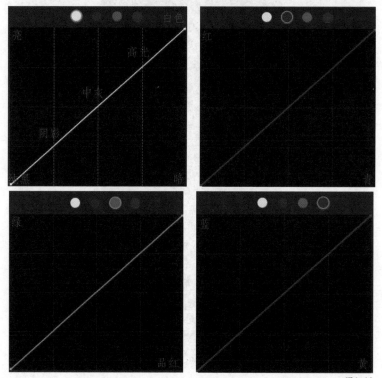

图4-18

红色通道曲线，从左上到右下显示的是红色过渡到其补色青色的变化。

绿色通道曲线，从左上到右下显示的是绿色过渡到其补色品红色的变化。

蓝色通道曲线，从左上到右下显示的是蓝色过渡到其补色黄色的变化。

▌【色相饱和度曲线】包含 3 种常用曲线。【色相与饱和度】曲线用于改变所选颜色的饱和度，可使用右上角【吸管工具】吸取画面中所选色或者使用【钢笔工具】（将鼠标指针放在图 4-19 红色矩形框的直线位置，指针自动变成【钢笔工具】样式）添加锚点，向上拖动增加所选颜色的饱和度，向下拖动降低饱和度。【色相与色相】曲线用于改变所选颜色的色相，可使用右上角【吸管工具】吸取画面中所选色，向上或向下拖动选取想要的颜色。【色相与亮度】曲线用于改变所选颜色的亮度，可使用右上角【吸管工具】吸取画面中的颜色，向上拖动曲线，画面变亮，向下拖动曲线，画面变暗，如图 4-19 所示。

图4-19

（4）【色轮与匹配】用于调整阴影、中间调和高光的颜色，左侧滑块用于调整明暗程度，如图 4-20 所示。如果调整以后没有得到满意的效果，可在调整过的色轮位置双击，恢复到默认状态。

图4-20

接下来通过一个具体示例讲解二级调色思路：在已经完成一级调色的画面基础上进行分析，看看还需要对画面进行哪些处理，主要关注画面的高光、中间调、阴影、偏色、饱和度、影调，整体上来说就是将一级调色后的视频风格化，添加情绪。

经过一级调色，画面中天空色调偏灰，饱和度低，没有层次感。分析完问题以后，先通过【RGB曲线】增加明暗对比度。在【色相饱和度曲线】中，【色相与饱和度】选中蓝绿色色段，增加饱和度；【色相与色相】选中同样的蓝绿色段，将图片中天空的颜色变成饱和度更高的蓝绿色；【色相与亮度】选中蓝绿色段，增加亮度。在【色轮与匹配】中，将【高光】拉向偏蓝绿色，向上拖动【高光】左侧的滑块，增加明度。通过二级调色，图片最后呈现冷调复古感，调整前后的对比如图4-21所示。

图4-21

图4-21（续）

【工作实施和交付】

首先要理解客户的需求，整理素材，对素材进行质量评估，并分为 A、B、C 3 个等级。根据音乐节奏将音乐划分为平缓、上升、高潮和结尾 4 个片段，用恰当的工具进行城市航拍宣传片剪辑。经过客户两次确认后，最终交付合格的视频。

浏览素材，制作场景脚本

这个项目用于城市推广宣传，素材涵盖城市的标志性建筑、交通、环境、人文和历史等方面，展示了该城市的多样魅力和发展潜力。

世纪钟作为与天津站紧邻的标志性建筑，能给途经此地的旅客留下深刻印象，适合作为开片的镜头。天津滨海新区可用于体现科技现代化，因此选择其空港作为拍摄内容，展示城市的发展动力和未来愿景。人文历史是城市不可或缺的一部分，可选取年代感强的鼓楼、民园和宁园等历史建筑物作为取景地。反映城市人文生活气息的镜头有小洋楼、居民楼、乘船的人们、万家灯火等。川流不息的马路、行驶的轮船和高铁可用于刻画城市的交通。代表性建筑物，如国家海洋博物馆、津湾广场、"天津之眼"摩天轮和天塔等，可更加直观地展现城市的现代化。环境方面，通过湖面、天空和绿植等素材，展示天津城市舒适宜人的生态环境。视频结尾用高铁行驶的画面作为结束，寓意天津未来高速发展、欣欣向荣的美好愿景即将实现，这种结尾方式能够引起观众的共鸣。

　　素材的拍摄以无人机航拍为主，以固定机位延时摄影、大范围延时摄影和相机升格为辅。运镜方式包含推镜、拉镜、摇镜、移镜、跟镜、固定镜头和环绕镜头。结合以上对素材内容、表现技巧和运镜方式等的分析，经过细化和推敲，制作场景脚本，如表4-1所示。

表 4-1

场　景	内　容	运　镜	参考时长	类　型
场景1	世纪钟	固定机位	5秒	固定机位延时摄影
场景2	滨海新区	推镜、移镜、拉镜	26秒	无人机航拍
场景3	国家海洋博物馆	推镜、移镜、环绕镜头	23秒	无人机航拍
场景4	高楼大厦	推镜、移镜	18秒	无人机航拍
场景5	高楼	移镜、摇镜	11秒	无人机航拍
场景6	居民楼	移镜、摇镜	10秒	无人机航拍
场景7	桥	移镜	5秒	无人机航拍
场景8	船	跟镜	11秒	无人机航拍
场景9	夜船	跟镜	4秒	无人机航拍
场景10	宁园	移镜、摇镜	14秒	相机升格
场景11	津湾广场	固定机位	9秒	固定机位延时摄影
场景12	天津之眼	固定机位	4秒	固定机位延时摄影
场景13	鼓楼	固定机位、大范围	7秒	固定机位延时摄影、大范围延时摄影
场景14	民园	固定机位	4秒	固定机位延时摄影
场景15	云	固定机位	5秒	固定机位延时摄影
场景16	滨江道路	固定机位	5秒	固定机位延时摄影
场景17	南京路	跟镜、摇镜	10秒	无人机航拍
场景18	天塔	环绕镜头、移镜、摇镜	16秒	无人机航拍
场景19	喷泉	环绕镜头	9秒	无人机航拍
场景20	湖	拉镜	3秒	无人机航拍
场景21	高铁	跟镜	16秒	无人机航拍

对场景素材进行质量评估并整理

根据城市宣传片剪辑工作流程描述的评估标准，对素材进行等级划分。A 等级素材包括场景 1、场景 11、场景 12、场景 13、场景 14、场景 15、场景 16，B 等级素材包含场景 10，将剩余场景素材划分到 C 等级素材。素材等级划分完成后如图 4-22 所示。

图 4-22

用【时间重映射】进行升格处理

由于提前对拍摄素材的帧速率进行了限定，因此可以对高帧速率的素材进行升格处理。导入升格拍摄的素材镜号19、镜号20和镜号21，降低播放速度，使画面更稳定。将素材导入以后拖到【时间轴】面板，选中视频素材，将【速度】设为25.00%。素材的帧速率是100帧/秒，新建序列的帧速率是25帧/秒，做升格处理，视频素材将放慢播放，使得画面更加稳定，如图4-23所示。

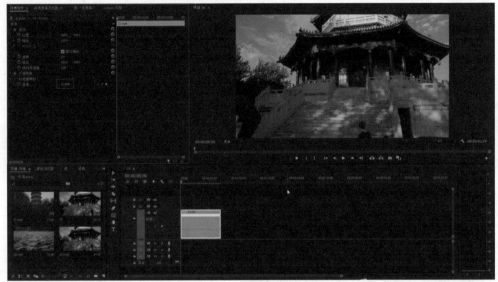

图4-23

视频粗剪——筛选和排列素材

将背景音乐分为平缓、上升、高潮和结尾4部分，如图4-24所示。

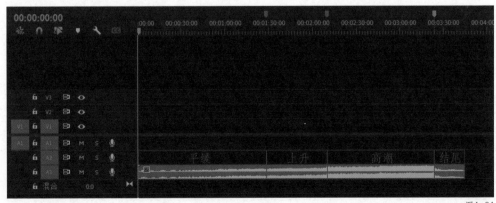

图4-24

开始导入素材，平缓部分以排列C等级素材为主，A等级素材中的世纪钟内容作为片头；上升部分以排列 B 等级素材为主，混合使用 A 等级素材，逐渐向高潮部分过渡；高潮部分以排列 A 等级素材为主，穿插使用少量 C 等级素材；C 等级素材高铁作为结尾。按照素材等级和音乐节奏，调整场景脚本顺序，如表 4-2 所示（括号中场景序号是表 4-1 中的场景序号）。依据场景脚本里的运镜和时长截取对应素材里合适的视频画面，截取时需考虑运镜是否一致、画面内容是否有瑕疵，以及上、下镜号素材是否衔接良好。

表 4-2

场　景	内　容	运　镜	参考时长	类　型
场景 1	世纪钟	固定机位	5 秒	固定机位延时摄影
场景 2	滨海新区	推镜、移镜、拉镜	26 秒	无人机航拍
场景 3	国家海洋博物馆	推镜、移镜、环绕镜头	23 秒	无人机航拍
场景 4	高楼大厦	推镜、移镜	18 秒	无人机航拍
场景 5（场景 6）	居民楼	移镜、摇镜	10 秒	无人机航拍
场景 6（场景 10）	宁园	移镜、摇镜	14 秒	相机升格
场景 7（场景 11）	津湾广场	固定机位	9 秒	固定机位延时摄影
场景 8（场景 7）	桥	移镜	5 秒	无人机航拍
场景 9（场景 16）	滨江道路	固定机位	5 秒	固定机位延时摄影
场景 10（场景 11）	天津之眼	固定机位	4 秒	固定机位延时摄影
场景 11（场景 13）	鼓楼	固定机位、大范围	7 秒	固定机位延时摄影、大范围延时摄影
场景 12（场景 8）	船	跟镜	11 秒	无人机航拍
场景 13（场景 14）	民园	固定机位	4 秒	固定机位延时摄影
场景 14（场景 15）	云	固定机位	5 秒	固定机位延时摄影
场景 15（场景 17）	南京路	跟镜、摇镜	10 秒	无人机航拍
场景 16（场景 9）	夜船	跟镜	4 秒	无人机航拍
场景 17（场景 5）	高楼	移镜、摇镜	11 秒	无人机航拍
场景 18	天塔	环绕镜头、移镜、摇镜	16 秒	无人机航拍
场景 19	喷泉	环绕镜头	9 秒	无人机航拍
场景 20	湖	拉镜	3 秒	无人机航拍
场景 21	高铁	跟镜	16 秒	无人机航拍

视频精剪——添加音乐、转场

将挑选好的素材进行精剪，对音频节奏进行精细卡点标记，视频画面与画面的切换大部分应与节奏点契合，如图 4-25 所示。

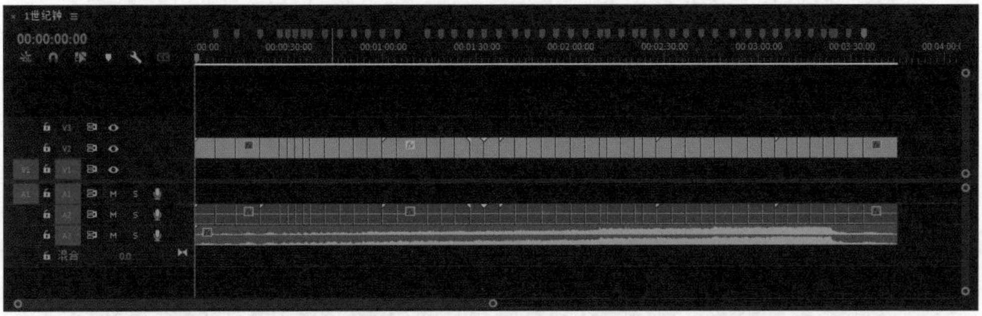

图4-25

在音乐平稳与上升节奏转换的地方添加荷花空镜转场，上升与高潮节奏转换的地方添加白云空镜转场，高潮与结尾节奏转换的地方添加湖水空镜转场，如图 4-26 所示。可以根据音频节奏的缓急，对视频内容的播放速度进行适当的调整。

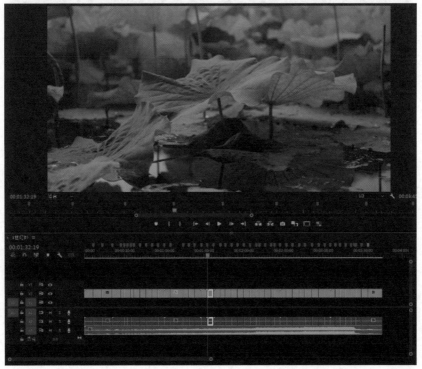

图4-26

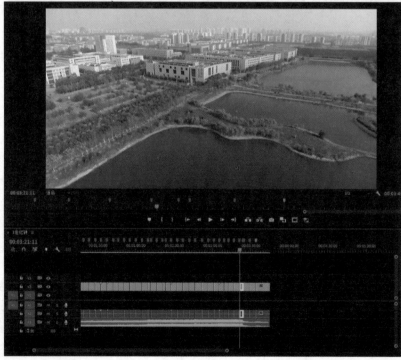

图4-26（续）

添加字幕标题

在视频结尾处，呼应视频主题内容，添加字幕"你好，天津"。为了使字幕更好地融入视频画面，避免突然出现给人带来突兀感，为字幕添加渐显效果，如图4-27所示。

图4-27

一级调色修正素材颜色

在精剪完视频后，要修正视频颜色，得到正常画面，需要进行一级调色。一级调色有两种方式：若素材是大疆无人机拍摄的，可以直接在【输入LUT】里选中大疆无人机LUT进行调色；或者手动调整【基本矫正】。

在一级调色前要分析素材，如图4-28上图所示，存在的问题是画面偏灰，对比度和饱和度不够，所拍摄画面是湖，需要增加一些冷色。调整时，一边观察【波形图（亮度）】，一边进行调整。调整【阴影】和【黑色】滑块，使黑场到位（画面中黑色部分与阴影表现良好）；调整【高光】和【白色】滑块，让高光恢复（画面中的白色与高光部分表现良好）。在【波形图（亮度）】中，【阴影】显示范围是 20% ～ 40%，【黑色】显示范围是 5% ～ 15%，【高光】显示范围是 75% ～ 95%，【白色】显示范围是 90% ～ 95%。增加【对比度】和【饱和度】的数值，在【白平衡】中将【色温】拖到偏蓝绿色区域。一级调色完成后的效果如图 4-28 所示。

> **提示** 调整【基本矫正】中的参数时，【波形图（亮度）】上显示范围不是绝对的，需要根据不同的素材而定。

图4-28

二级调色使视频风格化

为了让视频符合庄重明亮的主题，色调应主要用蓝青色调。在【RGB 曲线】中，将红色通道曲线微微向下拉，使之偏于青色；将蓝色通道曲线微微向上拉，使之偏于蓝色。在【色相与饱和度】中，吸取树木绿色，微微向下拖动曲线降低其饱和度。在【色轮与匹配】中，将【高光】和【阴影】拖向蓝青色方向。二级调色前后的对比如图 4-29 所示。

> **注意** 调色是一步步调整的过程。在使用调色工具时，一定要慢慢调整，观察颜色变化和使用辅助判断颜色变化的工具，切勿突然进行大幅度改变。

图4-29

剪辑结束后，将视频导出为 H.264（MP4）格式，将未经剪辑的源素材（摄影师提供的素材）、最终效果的 MP4 格式文件和工程文件按照要求命名，放到一个文件夹中提交给客户，如图 4-30 所示。

YYY_天津市航拍宣传片源素材_20230310　　YYY_天津市航拍宣传片_20230310.prproj　　YYY_天津市航拍宣传片_20230310.mp4　　YYY-天津市航拍宣传片-20230310

图4-30

【拓展知识】

　　本项目中涉及的调色是画面整体调色，除此之外还有针对画面局部的调色以及画面暗角的调整。【HSL 辅助】用于调整局部的颜色，【晕影】用于为画面添加暗角，这两个工具在进行视频调色时也比较常用。

知识点 1 【HSL 辅助】

　　为了更准确地调整视频素材中的颜色，可以使用【HSL 辅助】调整局部的颜色，H（Hue）代表色相，S（Saturation）代表饱和度，L（Lightness）代表明度，如图 4-31 所示。要调整画面中的某个颜色，只需要使用【吸管工具】吸取对应的颜色。为了方便观察颜色，可勾选【彩色/灰色】打开辅助视图，选中的颜色以原色显示，而没有选中的颜色会显示为灰色。如果想要选择的颜色没有选择完全，可单击带有加号的【吸管工具】，继续在画面中吸取颜色。在颜色被大概选出来以后，可以拖动 HSL 滑块优化选区，每个滑块有两个小三角形，拖动上方小三角形（图 4-31 中标注"选取范围"）可增大或减小颜色的选取范围，下方的小三角形（图 4-31 中标注"微调 & 过渡"）有羽化的作用，可让颜色的过渡更加自然。通过手动调整色相、饱和度、明度，可尽可能地将所选颜色选取完整，并不影响别的区域。你也可以在【Lumetri 颜色】选项卡上建立蒙版，用【钢笔工具】绘制一个选区，让【HSL 辅助】只作用于蒙版，从而不影响别的区域。

　　【优化】中【降噪】和【模糊】的作用是让选区颜色边缘不那么生硬，颜色过渡更加自然。

　　【更正】中的内容用于修改所选颜色的色温、饱和度等，和【基本矫正】的使用方法类似。

　　想要改变图中桥上灯的颜色，可使用【HSL 辅助】，改变后灯光颜色更加偏向品红，前后对比如图 4-32 所示。

图4-31

图4-32

图4-32（续）

知识点 2 【晕影】

为了突出画面重心或者刻画出角色情感，可以添加特效处理技术。【晕影】可以让画面边缘或周围部分暗化，突出画面中央或者焦点元素。【晕影】中包含 4 个参数，如图 4-33 所示。

图4-33

▌【数量】：向右拖动，数值增大，添加的是白色晕影，一般用于梦境场景；向左拖动，数值减小，添加的是灰色晕影，一般用于回忆场景，效果如图 4-34 所示。

图4-34

图4-34（续）

▌【中点】：用于控制晕影半径范围的大小。

▌【圆度】：用于控制晕影形状。

▌【羽化】：用于控制晕影和画面的柔和程度。

以下是使用【晕影】进行调色的一些场景。

强调画面主体或重要元素：使用【晕影】可以使画面的四周变得模糊或者暗淡，从而突出画面主体或重要元素。例如，在拍摄人物肖像或者华丽建筑时，可以适当使用【晕影】来加强氛围。

调整画面明暗均衡：有时候，素材的曝光会存在亮度不均的情况，此时可以利用【晕影】暗化亮度过高的部分画面，以便达到更为平衡的明暗效果。

【作业】

假设你现在是一个 **Premiere Pro 后期剪辑师**。夏季来临，你所在城市政府部门准备制作一部**城市招商引资宣传片**，用于宣传你所在城市的发展潜力，整体展示城市的区位优势、人才资源、产业支撑等方面，以吸引企业前来落户，为城市经济发展注入新动力。项目负责人联系你，需要你进行**后期剪辑**。首先你要粗剪素材，发给客户**首次确认**视频大致内容是否符合需求。确认符合需求后，对视频进行精剪以及合成，最终发送成片，进行**二次确认**，确认无误后，完成工作任务。

项目资料

客户提供航拍素材，但是需要你与摄影师沟通拍摄内容以及细节。

项目要求

本项目视频用于城市招商引资，传播媒体主要是电视台、网络视频平台以及社交媒体等。

（1）拍摄内容包含当地城市的区位优势、人才资源、科技优势、城市规划和产业支撑等方面。

（2）视频重点突出当地城市的发展潜力和优越条件，前后衔接要流畅，转场应让人感到舒适，不要在视觉上给人带来突兀感。

（3）视频整体基调是积极向上、包容开放、充满活力。音乐风格、文字设计、调色风格均要与视频基调保持一致。

（4）视频成片时长在 3 ～ 5 分钟，音频时长与视频时长相匹配。

项目文件制作要求

（1）文件夹命名为"YYY_城市招商引资宣传片_日期"（YYY 代表你的姓名，日期要包含年、月、日）。

（2）此文件夹包括以下文件：未经剪辑的源素材（摄影师提供的素材）、最终效果的 MP4（H.264）格式文件、.prproj 格式工程文件。

（3）视频帧大小为 1280h 720v，帧速率为 25 帧 / 秒，方形像素（1.0），场序为逐行扫描。

完成时间

拍摄与剪辑，共 1 个月。

【作业评价】

序号	评测内容	评分标准	分值	自评	互评	师评	综合得分
01	镜头筛选	敏感内容是否去除； 瑕疵画面是否去除； 运镜有问题的画面是否去除； 素材等级划分是否合适	25				
02	音频处理	音乐风格是否符合主题； 音乐节奏划分是否准确	20				
03	视频处理	画面前后衔接是否自然； 画面与音乐节奏是否协调	25				
04	整体效果	升格处理过渡是否自然； 字幕标题的样式是否符合主题； 调色处理是否与主题一致	30				

注：综合得分 =（自评 + 互评 + 师评）/3

项 目 ⑤

婚礼影像纪录片

纪录片是一种电影或电视艺术形式，以真实的世界和人物为基础素材，并通过记录、叙述或再现等手段对真实性事实进行创作加工与展示。纪录片的主要类型有自然纪录片、历史纪录片、科学纪录片、社会纪录片、人物纪录片、旅游纪录片、纪实纪录片、音乐纪录片、美食纪录片和体育纪录片等。

婚礼影像纪录片是纪实纪录片的一种，是摄影师在婚礼准备以及进行过程中运用纪实手法，发挥其技术、审美，通过摄影的方式来记录婚礼中精彩、有意义的瞬间。

本项目主要讲解婚礼影像纪录片的制作，包含结婚当天接亲仪式、游戏环节和婚礼主会场仪式的全过程，运用蒙太奇剪辑手法和镜头之间的组合，使用Premiere Pro来调整视频素材的节奏变化，通过添加音频等后期技术手段，将婚礼温馨浪漫的氛围呈现出来。

【学习目标】

学会运用蒙太奇剪辑手法、镜头组接原则和纪实纪录片的剪辑工作流程，使用 Premiere Pro 排列和剪切素材、添加音乐和转场等进行纪录片的剪辑，掌握纪录片后期的制作方法和技巧。

【学习场景描述】

假设你是一个 **Premiere Pro 后期剪辑师**。小美正在筹备婚礼，为了留存和记录婚礼的美好瞬间，需要拍摄一部**婚礼影像纪录片**。小美现在联系你，提出拍摄和剪辑需求，你给出若干拍摄方案，根据小美选择的方案联系**摄影师**拍摄，并进行后期剪辑。在婚礼举行当天拍摄完成后，进行**粗剪**，最终的成片由小美现场确认，确认无误后，在婚礼当天播放，完成工作任务。

【任务书】

项目名称

小美的婚礼影像纪录片。

项目资料

小美的婚礼影像纪录片包含 66 个片段，单个素材时长大于镜号脚本中的参考时长，拍摄婚礼当天各种场景和环节，包括接亲仪式过程、新郎到新娘家接娶新娘、游戏环节以及婚礼主会场仪式的全过程。代表性视频片段截图如图 5-1 所示。

图5-1

图5-1（续）

项目要求

本项目视频记录婚礼当天各种场景和环节，用于留存婚礼的美好瞬间。

（1）视频内容应包含完整的接亲仪式过程，包括新郎到新娘家接娶新娘、游戏环节等，婚礼主会场仪式的全过程也应完整记录下来。

（2）视频的记录安排合理，避免事件前后颠倒。

（3）视频前后衔接要流畅，转场应让人感到舒适，不要在视觉上给人带来突兀感。

（4）视频整体基调是温馨浪漫、欢快明亮，音乐风格、调色风格均应与视频基调保持一致。

（5）视频成片时长在 2 ～ 3 分钟，音频时长应与视频时长相匹配。

项目文件制作要求

（1）文件夹命名为"YYY_ 小美的婚礼 _ 日期"（YYY 代表你的姓名，日期要包含年、月、日）。

（2）此文件夹包括以下文件：未经剪辑的源素材（摄影师提供的素材）、最终效果的 MP4（H.264）格式文件、.prproj 格式工程文件。

（3）视频帧大小为 1280h 720v，帧速率为 25 帧 / 秒，方形像素（1.0），场序为逐行扫描。

完成时间

1 小时。

【任务拆解】

1. 分析项目需求，制作镜号脚本。
2. 根据镜号脚本筛选素材。
3. 视频粗剪，挑选、排列素材，添加音乐、转场，视频、音频节奏保持一致。

【工作准备】

在进行本项目的制作前，需要掌握以下知识。

1. 纪实纪录片的特点知识。
2. 蒙太奇知识。
3. 镜头组接原则知识。
4. 纪实纪录片剪辑工作流程知识。

如果已经掌握相关知识可跳过这部分，开始工作实施。

知识点 1 纪实纪录片的特点

了解纪实纪录片的特点可以帮助剪辑师更好地表现情感和故事，知道如何在后期制作中利用音乐和声音效果来增强纪实纪录片的视觉效果。纪实纪录片通常具有以下特点。

（1）真实性和客观性：纪实纪录片以真实事件、人物和事实为基础，通过镜头记录力求还原真实的情感和场景。

（2）真实场景：纪实纪录片通常采用现场拍摄的方式展示真实的场景和事件，而非通过重建或虚构来呈现。

（3）对话与互动：纪实记录片不只是单向的信息传输，还可以通过与观众互动的形式使观众更深入地了解事件和主题。

（4）高品质：纪实纪录片需要高品质的拍摄设备和后期制作技术的支持，以保证画面的清晰度、色彩还原度、音质等方面的呈现。

知识点 2　蒙太奇

蒙太奇是一种剪辑手法，指的是将一系列在不同地点、从不同距离和角度，以不同方法拍摄的镜头排列组合起来，叙述情节、刻画人物。当不同角度的镜头组接在一起的时候，往往会产生各个镜头单独存在时所不具有的含义。蒙太奇主要分为两种类型：一种是叙事蒙太奇；另一种是表现蒙太奇。

在婚礼影像纪录片中，蒙太奇通常被用于强调与情感相关的特殊画面，例如新人相拥、亲吻瞬间的特写等，通过多个画面的组合展示出美好的画面效果，提高视频质量。

（1）叙事蒙太奇：叙事蒙太奇的主要特点在于以讲述故事、展示事件为主要目标，按照时间流程和因果关系组合镜头、场景和段落来推进剧情，使影片具有连贯性和逻辑性，帮助观众更好地理解剧情。叙事蒙太奇又可分类以下 4 种类型。

▎平行蒙太奇：在一个完整的结构中平行展现不同时间或空间的两个或者多个情节线。平行蒙太奇之所以被广泛应用，首先在于这种处理方式能够集中概括内容，用少量的镜头，表达更大的信息量；其次，因为多个情节线自成一体并以并列的形式烘托和互相对比，更容易产生强烈的艺术效果。

▎交叉蒙太奇：也被称为交替蒙太奇，这种剪辑技巧用于将多条情节线交替剪辑在一起。这种技巧使得各条情节线相互关联，并且能够加强矛盾性和尖锐性，进而提高影片的紧张和激烈程度。惊险片、恐怖片和战争片等通常会使用这种技巧来营造紧张、惊险的氛围。

▍连续蒙太奇：一种按照故事情节的逻辑顺序展现的叙事手法。不同于平行蒙太奇和交叉蒙太奇同时呈现多条情节线，并通过场景的变化和叠加来逐步推进故事发展，连续蒙太奇沿着单一情节线索有节奏地展现故事。这种叙事方式自然流畅、简明易懂，但缺乏场景的变换和对时空的利用，不能展现多条情节线索，无法清晰体现各个情节之间的关系，因此容易带给观众拖沓冗长、平铺直叙的感受。在一部电影中，通常很少使用单独的连续蒙太奇，而是将连续蒙太奇与平行蒙太奇或交叉蒙太奇混合使用。

▍颠倒蒙太奇：一种打乱故事结构的蒙太奇技巧。先展示故事或事件的当前状态，然后回溯到过去，逐步揭示故事背后的更多信息。这种剪辑手法通常通过叠印、画外音、旁白等手段实现倒叙，打破故事的时间顺序，重新组合现在与过去。使用颠倒蒙太奇可以创造出回溯和推理的效果，并强调特定事件的重要性。然而，虽然事件顺序被打乱了，但时空关系仍然需要清楚表述，故事叙述仍然需要符合逻辑。

（2）表现蒙太奇：使用各种图像、视觉元素和音效来表现潜意识和感觉体验等。通过使用具有象征性的意象和隐喻，表现蒙太奇可以传达深层次的情感，表现社会问题和人类共通的心理状态。在表现蒙太奇中，创作者通常通过各种手段来破坏时间和空间的连续性，打破现实和观众心理感受之间的界限，利用更加抽象且富有想象力的画面和声音效果，令观众沉浸在故事中。表现蒙太奇可分为以下4种类型。

▍隐喻蒙太奇：通过在镜头或场景上进行类比和暗示，含蓄而形象地表达创作者的某种想法。这种手法常常突出不同事物之间的某些相似之处，引发观众的联想，让观众更好地理解创作者的意图和情感。隐喻蒙太奇可在视觉上将不同的元素联系起来，同时加强电影的艺术效果。这种技巧可以让观众更深入地理解电影的主题和情感内涵，并为电影的艺术魅力注入更多的生命力。

▍心理蒙太奇：电影剪辑中的一种重要手段，用于描写人物内心世界。通过对画面镜头的组合或声音、画面的结合，生动展示人物的内心体验，比如梦境、回忆、闪念、遐想和思考等精神活动。这种技巧可以帮助观众更好地理解人物的心理状况和行为动机，从而使整个故事更加饱满和生动。

▌ 抒情蒙太奇：通过对重要事件的分解和重构，运用视觉元素和音效等手段表现超越剧情的思想和感情。同时，它也会保证叙事和描写的连贯性，以确保观众能够清晰地理解故事情节。这种技术通常在一段叙事场面之后，恰当地加入一系列象征情绪和感情的空镜头，从不同侧面和角度展示事物的本质含义和特征。抒情蒙太奇广泛应用于商业电影、短片和广告领域，是一种有效表达情感和观念的剪辑技术。

▌ 对比蒙太奇：通过对不同场景或内容上的强烈对比来产生冲突效果，从而表达创作者的某种创作意图或强化创作者所想表达的内容和思想。这种对比可能涉及贫与富、苦与乐、生与死、高尚与卑劣、胜利与失败等不同程度和类型的矛盾。通过使用各种视觉元素（如景别大小、色彩冷暖等）和声音效果（如声音强弱等），对比蒙太奇可营造出截然相反的情境，使观众更容易产生情感共鸣，并理解故事所表达的主题和信息。

知识点 3 镜头组接原则

掌握镜头组接原则，可以让剪辑师更好地掌握镜头语言和表达技巧，从而更好地展现影片的情节和角色，增强影片的表现力和感染力。

所谓"动"与"静"，是指在剪辑点上画面主体或者相机处于运动的状态还是静止的状态。"静接静""动接动"和"动接静"是镜头组接的基本原则，遵循这些原则进行镜头组接可保持视觉的流畅、和谐。

（1）"静接静"。第一种情况是对两个固定镜头组接，画面中的主体都是静止状态，此时选择剪辑点最好考虑画面内容的整体效果。第二种情况是两个固定镜头中一个是静态主体，另一个是动态主体，可以通过寻找动态主体动作停顿的时机来剪辑组接；或者是在动态主体被遮挡或处于不显眼位置时进行切换。目的就是实现内容的连续，同时保证镜头之间的逻辑关系成立。

（2）"动接动"。第一种情况是对两个固定镜头进行剪辑组接，画面中的主体都处于运动状态，选择剪辑点时，通常会优先考虑主体的运动因素，并尽量避免在主体运动过程中出现突兀或不协调的场面。在剪辑运动主体的动作时，小景别的动作可以少留些，而大景别的动作则应多留一些。第二种情况是两个镜头都是运动镜头，且运动方向相同，通常建议去掉上一个镜头的落幅和下一个镜头的起幅，以达到镜头的无缝连接效果。需注意的是，运动镜头的方向不能相反。例如，推镜可以接其他运动镜头，但是不可以接拉镜。

（3）"动接静"。要尽量保证两个镜头的运动状态相对趋缓或接近。当静止镜头具有运动趋势时，才可以组接运动镜头。当运动镜头的动态完全停止时，才可以组接静止镜头。

> 注意 组接镜头要考虑运动主体或运动镜头的方向及动感的一致性。

知识点4 纪实纪录片剪辑工作流程

在剪辑婚礼影像纪录片前，明确纪实纪录片剪辑工作流程是至关重要的。纪实纪录片剪辑工作流程分为以下两个阶段。

素材拍摄阶段确认以下信息。

（1）拍摄设备：专业级数码相机、相机稳定器和外录设备。

（2）画面尺寸：3840像素×2160像素，外录设备为1920像素×1080像素。

（3）颜色模式：专业相机为S-LOG3，外录设备无要求。

（4）帧速率：100帧/秒或120帧/秒。

（5）视频格式：MP4。

婚礼影像纪录片一般需要当天现场交付影片，所拍摄内容一般有固定的模板，经甲方确认后，按照模版整理镜号脚本即可。

素材整理与剪辑阶段的工作流程如下。

纪实纪录片和广告片一样，也需按照镜号脚本整理素材。素材梳理完成后，进行粗剪，一般在拍摄完成后的一到两小时就需要将成片交付给客户。在粗剪时，有需要处理的素材直接进行调整，比如个别镜头需要调色，都是在粗剪时就调好了。纪实纪录片的重点是将当天所发生的各个环节串联起来，形成完整的故事线。

> 注意 由于纪录片的特殊性，拍摄往往一次成形，没有过多的时间甚至没有补拍的机会，所以就要求提高数据的安全性，例如采用外录设备同时记录、选用含有双卡位数据备份功能的相机等。在不具备上述条件的拍摄环境下，可尽量采用多机位拍摄，以保证影像数据的可用性。

【 工作实施和交付 】

首先要理解客户的需求，整理出婚礼当天各个环节的素材，添加与主题相配的音乐，使用恰当的工具进行粗剪，最后将完成的视频交付客户确认，确认无误后即可现场播放。

分析项目需求，制作镜号脚本

本项目记录婚礼浪漫温馨的过程，素材应涵盖从新郎到新娘家接娶新娘、游戏环节，到婚礼主会场仪式的全过程。视频开头采用城市空镜以及"喜"字、高跟鞋、钻戒等特写镜头，渲染婚礼氛围，并通过高跟鞋、钻戒等镜头引出新娘的画面。新娘、新郎作为婚礼影像纪录片的主角，其画面非常具有代表性，不管是接亲环节还是主会场的仪式环节，新娘、新郎的场景画面都是影像纪录片的主题内容，也是整体场景的剪辑主体。结尾采用新人和宾客的全景画面，传达婚礼的圆满结束。

可将不同景别和不同运镜方式结合运用。运镜方式包括推镜、拉镜、摇镜、移镜、跟镜和固定镜头。景别包括远景、全景、中景、近景、特写。音乐可选择节奏由缓到快的非日文歌曲。转场以无技巧转场为主，以风景空镜转场为辅。按照客户选择的模版，结合上述思路，经过细化、推敲和排列，策划的镜号脚本如表 5-1 所示。

表 5-1

镜号	内　容	运　镜	参考时长	景　别
1	城市	移镜（由下至上）	1 秒	远景
2	"喜"字特写	移镜（由左至右）	1 秒	特写
3	高跟鞋特写 1	固定镜头	2 秒	特写
4	高跟鞋特写 2	固定镜头	2 秒	特写
5	钻戒特写 1	固定镜头	2 秒	特写
6	新娘转头 2	固定镜头	2 秒	中景

（续）

镜号	内　容	运　镜	参考时长	景　别
7	新娘手部特写	固定镜头	1秒	特写
8	新娘正面特写	移镜（由左至右）	1秒	中景
9	新娘侧面特写1	移镜（由上至下）	1秒	中景
10	新娘侧面特写2	移镜（由左至右）	1秒	特写
11	卷头发特写	移镜（由上至下）	1秒	特写
12	新娘梳妆特写1	移镜（由上至下）	2秒	近景
13	新娘梳妆特写2	移镜（由左至右）	2秒	特写
14	新娘伴娘1	移镜（由左至右）	1秒	近景
15	新娘伴娘2	移镜（由右至左）	1秒	近景
16	新娘伴娘3	移镜（由右至左）	2秒	中景
17	新娘伴娘4	移镜（由上至下）	2秒	近景
18	新娘伴娘5	拉镜	2秒	全景
19	西装特写1	跟镜	1秒	特写
20	西装特写2	跟镜	1秒	特写
21	新郎侧面	拉镜	1秒	中景
22	新郎正面1	拉镜	1秒	中景
23	领结特写1	移镜	1秒	特写
24	西装特写	移镜（由上至下）	1秒	特写
25	新郎正面2	拉镜	1秒	中景
26	新郎伴郎1	推镜	1秒	中景
27	新郎伴郎2	跟镜	2秒	特写
28	新郎伴郎3	拉镜	2秒	中景
29	新郎背影	推镜	3秒	中景
30	新娘半身1	拉镜	1秒	近景
31	新娘半身2	移镜（由右至左）	2秒	近景

（续）

镜号	内　容	运　镜	参考时长	景　别
32	禾服特写	移镜	2 秒	特写
33	头饰特写	移镜（由上至下）	2 秒	特写
34	新娘半身 3	拉镜	2 秒	近景
35	新郎伴郎背影	拉镜（由上至下）	2 秒	中景
36	新郎侧面特写	移镜（由右至左）	2 秒	近景
37	新郎伴郎和车	拉镜	1 秒	全景
38	车 1	固定镜头	2 秒	全景
39	车 2	跟镜	2 秒	近景
40	堵门	固定镜头	1 秒	中景
41	伴娘	固定镜头	2 秒	中景
42	新娘半身 4	固定镜头	2 秒	近景
43	新郎进门 1	固定镜头	3 秒	中景
44	新郎进门 2	固定镜头	1 秒	近景
45	伴娘镜头 1	固定镜头	2 秒	中景
46	伴娘镜头 2	移镜（由右至左）	2 秒	中景
47	新郎伴郎 4	固定镜头	2 秒	中景
48	伴郎游戏镜头	固定镜头	2 秒	全景
49	游戏镜头	推镜	3 秒	中景
50	新郎半跪镜头	移镜	2 秒	中景
51	新郎亲吻新娘 1	固定镜头	1 秒	近景
52	伴娘和伴郎	移镜（由右至左）	3 秒	中景
53	新郎亲吻新娘 2	拉镜	3 秒	中景
54	婚礼现场空镜 1	拉镜	2 秒	全景
55	婚礼现场空镜 2	推镜	2 秒	全景
56	婚礼布置镜头	移镜	1 秒	中景

（续）

镜号	内　　容	运　　镜	参考时长	景　别
57	新娘全身	跟镜	2秒	全景
58	新郎新娘全身	拉镜	2秒	全景
59	灯光全景	推镜、拉镜	3秒	全景
60	新娘入场背影	跟镜	2秒	全景
61	新郎走向新娘	跟镜	2秒	全景
62	新娘新郎背影	跟镜	2秒	中景
63	新郎新娘正面侧身	跟镜	2秒	中景
64	新郎亲吻新娘3	跟镜	2秒	全景
65	新娘侧后身	跟镜	2秒	全景
66	新娘新郎和宾客	拉镜	6秒	全景

根据镜号脚本筛选素材

摄影师拍摄完成以后，将素材根据镜号脚本，依据合理的时间逻辑顺序、顺畅的故事情节发展以及镜头的流畅转换，保留画面内容表达清晰、运镜方式和镜号脚本对应、有利于前后画面衔接的镜头，去除景别拍摄不完整、拍摄重复以及曝光过度的部分。筛选完成后源素材总共有66个，如图5-2所示。

提示　采用外录设备除了为了保证影像数据的安全性以外，另外一个原因是可以在与相机录制相同的画面的前提下，设置不同的分辨率、帧数和颜色模式等参数。在拍摄过程中可以将相机的拍摄参数调整得更高，这样画质更好、画面更清晰，当然对存储空间和剪辑使用的计算机配置要求也更高，有一些素材甚至需要转代理（见项目6中的知识点3，此处不作详述）后方可使用，所以一般用于源素材留存，以及后期剪辑完整成片时使用。使用外录设备时可以根据实际情况将拍摄参数适当调低，这样在保证画面质量的前提下，可减小占用的存储空间，提高数据传输速度，降低剪辑对计算机配置的要求，提升整体剪辑效率。剪辑师在剪辑外录设备中的素材的同时，不影响相机的继续拍摄，满足婚礼当天拍摄并快速剪辑的需求。

图5-2

视频粗剪——排列素材、添加音乐、添加转场

将挑选好的 66 个视频素材片段导入 Premiere Pro，按照镜号脚本将视频素材排列到【时间轴】面板，依据镜号脚本里的运镜和时长截取每个镜号素材里合适的视频画面。截取时需考虑画面是否有瑕疵、画面是否美观，以及上、下镜号素材是否衔接良好。

剪辑手法以交叉蒙太奇和抒情蒙太奇为主，以隐喻蒙太奇为辅。交叉蒙太奇用于设置故事线，在举行婚礼仪式前，新郎这边发生的事情为一条故事线，新娘这边发生的事情为另一条故事线。在新郎接到新娘的时候，两条故事线汇合，接下来是新娘、新郎共同经历的事情。抒情蒙太奇用于新娘和新郎服饰的特写和近景镜头，表现新娘和新郎的情绪，呈现他们最美好的状态，如图 5-3 所示。隐喻蒙太奇用于钻戒和高跟鞋的特写镜头，隐喻爱情的忠贞与坚定，如图 5-4 所示。

图5-3

图5-4

组接镜头片段时，对拍摄物体的镜头应主要采用"静接静"，例如 3 号镜、4 号镜、5 号镜的组接。对拍摄物体和人物的镜头，应采用的是"静接动"，例如 5 号镜、6 号镜的组接。对拍摄人物的镜头应主要采用"动接动"，例如 11 号镜和 12 号镜的组接；小部分使用"动接静"，例如 64 号镜、65 号镜的组接。

对挑选好的素材进行粗剪，在提前选择好的音频节奏变化明显的地方进行卡点标记，如图 5-5 所示。视频画面与画面的切换大部分应与节奏点契合，在音乐节奏前后起伏特别大的地方添加空镜转场，在视频结尾添加【黑场过渡】，如图 5-6 所示。可以根据音频节奏的缓急，对视频内容的播放速度进行适当的调整。

> **注意** 不要留存过长的视频素材，剪辑时保留部分有趣、好看的画面，不需要保留完整的叙事过程画面。例如，游戏环节截取有趣、好看的画面即可，不需要完整保留交代游戏规则、游戏过程和游戏结果等时长较长的片段。

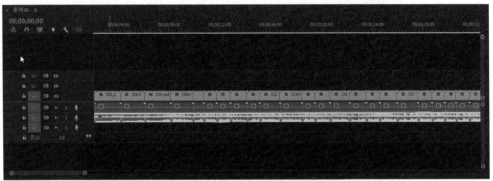

图5-5

图5-6

图5-6（续）

剪辑结束后，将视频导出为 H.264（MP4）格式，将未经剪辑的源素材（摄影师提供的素材）、最终效果的 MP4 格式文件和工程文件按照要求命名，放到一个文件夹中提交给客户，如图 5-7 所示。

YYY_小美的婚礼影像纪录片源素材_20230315

YYY_小美的婚礼影像纪录片工程文件
_20230315.prproj

YYY_小美的婚礼影像纪录片_20230315.mp4

YYY_小美的婚礼影像纪录片_20230315

图5-7

【作业】

假设你是一个 **Premiere Pro 后期剪辑师**。你所在城市的某高校准备举行一场大型同学聚会，让毕业多年的校友们重聚，同时为母校做宣传，吸引更多人的关注，以助后续招生工作的顺利开展。相关负责人（客户）联系你，提出拍摄和剪辑需求，你给出若干拍摄方案，根据客户选择的方案，联系**摄影师**拍摄，并进行后期剪辑。在聚会举行当天拍摄完成后，进行**粗剪**，最终的成片交给客户确认，确认无误后在会场当天播放，完成工作任务。

项目资料

项目素材由相关负责人提供，但是需要你与摄影师沟通拍摄内容及细节。

项目要求

本项目视频用于记录聚会当天各种场景，以及聚会召开前的相关准备工作。

（1）视频内容应包含前期场地设计、同学互动、个人采访、校友合影和情感抒发等。

（2）视频的故事线时间顺序应合理，故事发展应顺畅，避免时间逻辑前后颠倒、故事情节不符合常理。

（3）视频前后衔接要流畅，转场应让人感到舒适，呈现温馨有趣、和睦快乐的效果。

（4）视频整体基调是欢快、热烈和充满友谊之情，音乐风格、调色风格均应与视频基调保持一致。

（5）视频成片时长在 3 分钟左右，音频时长应与视频时长相匹配。

项目文件制作要求

（1）文件夹命名为"YYY_ 同学聚会 _ 日期"（YYY 代表你的姓名，日期要包含年、月、日）。

（2）此文件夹包括以下文件：未经剪辑的源素材（摄影师提供的素材）、最终效果的 MP4（H.264）格式文件、.prproj 格式工程文件。

（3）视频帧大小为 1280h 720v，帧速率为 25 帧 / 秒，方形像素（1.0），场序为逐行扫描。

完成时间

当天，粗剪 1 ～ 2 小时。

【 作业评价 】

序号	评测内容	评分标准	分值	自评	互评	师评	综合得分
01	镜头筛选	曝光有问题的画面是否去除； 重要内容是否保留	30				
02	音频处理	音乐风格是否符合主题； 音乐节奏是否符合画面	20				
03	视频处理	画面顺序是否符合故事线； 画面前后衔接是否自然； 画面与音乐节奏是否协调	20				
04	整体效果	转场是否自然； 声音画面是否与主题一致	20				
05	情感表达	影片是否可传达主题情绪	10				

注：综合得分 =（自评＋互评＋师评）/3

项目 6

毕业季微电影

微电影与传统电影，在故事情节、时长、制作周期、投资和播放平台等方面都有着明显的不同。微电影的"微"体现在剧情可以更为精简或情节更突出，整体时长从5分钟到60分钟均可，这样大大降低了制作的周期和成本。微电影大多在网络平台发布，传播更加快速和便捷，适合资金有限或需要短期成片的项目。

微电影可以大致分为商业微电影、公益微电影和实验微电影。毕业季微电影是公益微电影的一种，大多在学校内部取景，演员也都是学生，在描写大学生活的基础上，通过对大学毕业生即将踏入社会时在人际关系、家庭情感和文化价值观念等方面的碰撞与思考，表现大学毕业生的心理成长。毕业季微电影由于具有强烈的时代感和共鸣力，成为学校毕业季宣发常采用的手段，受到学校教师、学生的喜爱和认同。

本项目主要讲解毕业季微电影的制作流程，通过Premiere Pro调整镜头内容的排列顺序和衔接方式，结合音乐，通过添加字幕、合成音效和调色等后期技术手段，将毕业季主题内容呈现给观众。

【学习目标】

通过了解公益微电影剪辑工作流程，运用视听语言，结合微电影剧本和分镜头脚本，综合使用本书前5个项目的技术知识，组织镜头语言，完成视频的剪辑，掌握公益微电影后期制作的方法和技巧。

【学习场景描述】

假设你现在是一个 **Premiere Pro 后期剪辑师**。毕业季即将来临，有大量的毕业生马上要步入社会，某高校准备拍摄一部毕业季微电影，引导毕业生们正确面对情感上的矛盾和对未来的迷茫。高校宣传部负责人（客户）联系你，请你与**团队合作**完成：**编剧**创作剧本，**导演**整理镜号脚本、挑选演员和准备拍摄事宜等，**摄影师**拍摄素材。上述工作完成后，需要你根据策划好的脚本对摄影师拍摄完成的素材进行**后期剪辑**。首先进行粗剪，发给客户**首次确认**视频框架内容是否符合需求。之后，发给**音乐制作人**进行主题音乐的创作。根据音乐创作人创作的主题音乐，对视频进行精剪以及合成，然后发送成片，客户**二次确认**后完成工作任务。

【任务书】

项目名称

"告别校园的日子"微电影。

项目资料

"告别校园的日子"拍摄的素材，视频素材总共有96个，包含根据分镜头脚本拍摄的不同场景、不同景别的3个主线剧情内容。代表性视频片段截图如图6-1所示。

图6-1

图6-1（续）

音频素材包括主题音乐 1 首、配音片段 5 个，以及音效素材若干，如图 6-2 所示。

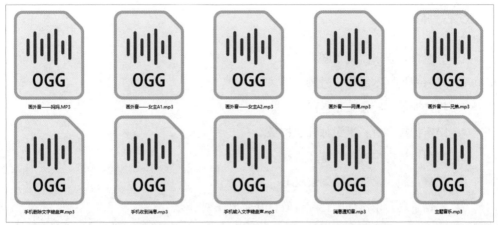

图6-2

项目要求

本项目视频用于毕业季宣传，传播媒体主要是本校公众号和视频号。

（1）视频内容应包含毕业生的成长历程和心路历程，毕业生与家人、朋友和同学之间的情感故事，毕业生在面临未来选择和未知压力时所经历的思考和困惑的场景等。

（2）视频主题内容要明确，按照故事线整合视频内容，故事情节安排合理，展现出人物在面对未来压力、选择时所经历的种种复杂情绪与变化，力求引起观众的共鸣。

（3）视频整体基调是温暖、感性，音乐风格、文字设计、调色风格均要与视频基调保持一致。

（4）视频成片时长在 5 分钟左右，音频时长与视频时长相匹配。

项目文件制作要求

（1）文件夹命名为"YYY_告别校园的日子微电影_日期"（YYY 代表你的姓名，日期要包含年、月、日）。

（2）此文件夹包括以下文件：未经剪辑的源素材（摄影师提供的素材）、最终效果的 MP4（H.264）格式文件、.prproj 格式工程文件。

（3）视频帧大小为 1280h 720v，帧速率为 25 帧 / 秒，方形像素（1.0），场序为逐行扫描。

完成时间

8 小时。

【任务拆解】

1. 分析项目要求，策划剧本。

2. 导演根据剧本制作镜号脚本。

3. 挑选演员，准备服化道。

4. 敲定拍摄事宜，摄影师开始拍摄。

5. 按照镜号脚本挑选、整理素材。

6. 粗剪视频，筛选、排列素材。

7. 根据主题音乐添加配音和音效，并完成视频精剪。

8. 通过一级调色修正素材颜色。

9. 通过二级调色使视频风格化。

10. 添加视频包装特效。

11. 添加歌词、同期声和配音字幕。

【工作准备】

在进行本项目的制作前，需要掌握以下知识。

1. 公益微电影的分类。

2. 公益微电影剪辑工作流程。

3. 转代理文件的方法。

4. 查看素材的快捷键。

5. 【钢笔工具】的使用方法。

6. 项目整理归档的方法。

如果已经掌握相关知识可跳过这部分，开始工作实施。

知识点 1　公益微电影的分类

了解公益微电影的类型能够更好地把握观众喜好和情感需要，提高制作质量和效率。公益微电影有多种类型，常见的类型有以下几种。

（1）现实题材类：聚焦于社会中的一些现实问题，例如环保、文化传承等。

（2）儿童教育类：关注儿童成长与教育，展现孩子们的生活和学习情况。

（3）人文社会类：偏向于艺术领域，以呈现社会风貌、文化习俗为主要内容，可以涉及历史、地理、文学、哲学等领域。

（4）医疗卫生类：有关医疗技术、医院、病人诊疗过程等方面的影片。

（5）扶贫济困类：展现困境或者需要帮助的群体，以及在公益救助方面做出的努力和取得的成果。

知识点 2　公益微电影剪辑工作流程

公益微电影剪辑工作流程分为以下两个阶段。

素材拍摄阶段确认以下信息。

（1）拍摄设备：专业相机、相机稳定器。

（2）画面尺寸：3840 像素 ×2160 像素。

（3）颜色模式：S-LOG3。

（4）帧速率：100 帧 / 秒或 120 帧 / 秒。

（5）视频格式：MP4。

素材整理与剪辑阶段的工作流程如下。

公益微电影和广告片一样，也需按照镜号脚本整理素材。素材梳理完成后，进行粗剪，粗剪后输出视频样片。由音乐制作人制作主题音乐，然后根据主题音乐，添加配音和音效，完成视频精剪和特效转场。最后是调色，以及添加包装特效和字幕。公益微电影的重点是将故事情节梳理清楚，画面之间的切换应符合逻辑关系，明确表达主题内容，还需将不同类型的音频处理得当。

知识点 3　转代理文件

由于所拍摄素材的画面尺寸是 4K，且素材量大，如果计算机配置低，在使用软件剪辑时可能会出现卡顿。为了避免出现这一问题，可以在将素材导入以后转代理文件。

将导入的素材全选，单击鼠标右键，依次选择【代理】→【创建代理】，在【创建代理】对话框中将【格式】设置为 H.264，【预设】选择 H.264 Low Resolution Proxy，其余选项保持默认，如图 6-3 所示。单击【确定】按钮后会自动跳转到 Adobe Medio Encoder，视频素材渲染完成后，在 Premiere Pro 中全选素材，单击鼠标右键，选择【连接代理】，链接渲染完毕的素材。在【节目监视器】面板中单击【切换代理】按钮，如图 6-4 所示。在代理模式下，开始剪辑素材。剪辑完成后，再次单击【切换代理】按钮退出代理模式，直接渲染输出即可，软件会自动跳回到原始素材界面。

图6-3

图6-4

知识点4　查看素材的快捷键

针对素材量多的视频剪辑，可以使用查看素材的快捷键，快速地预览和选择素材，提高剪辑效率。按快捷键【L】，可以让素材以正常速度开始播放，而连续按快捷键【L】会快速增加素材的播放速度。按快捷键【J】，则会使视频素材倒放，而连续按快捷键【J】会加快素材倒放的速度。按快捷键【K】，可以暂停或者停止素材播放。

知识点5　【钢笔工具】

前面学习了设置【不透明度】制作字幕渐显的效果，使用【音量】控制声音的大小。还可以通过【钢笔工具】改变视频素材画面的不透明度，调节音频素材音量的大小。【钢笔工具】位于工具栏中，快捷键是【P】。使用快捷键【Ctrl＋＋】扩大视频轨道，此时视频素材上会出现一条浅灰色的线，用于控制素材的不透明度。使用【钢笔工具】添加两个锚点，将第一个锚点的透明度降低，渐显效果就制作完成了。使用快捷键【Alt＋＋】扩大音频轨道，同样使用【钢笔工具】添加锚点，控制音频音量的大小，如图 6-5 所示。

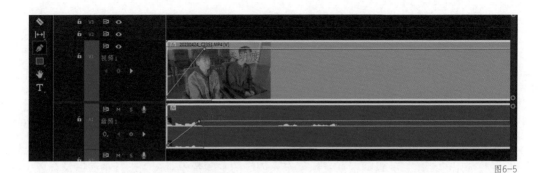

图6-5

知识点 6 项目整理归档

像微电影这类素材量大的任务，所有镜头可能无法一次就能拍摄合格，因此需要后期补拍镜头，这时候可能会存在源素材与补拍素材不在同一个位置的情况，从而需要将不同位置用到的多个素材整理存放到一个文件夹中。在【文件】菜单中选择【项目管理】，弹出【项目管理器】对话框，将要整理归档的序列（最基本的剪辑单位）存储到指定路径，如图 6-6 所示。在存储的指定路径中可以看到要整理归档的序列所用到的源素材。

图6-6

【工作实施和交付】

　　首先要理解客户的需求，策划、编写剧本。导演根据剧本制作镜号脚本，挑选演员，准备"服化道"，敲定拍摄事宜。摄影师按照镜号脚本内容去拍摄素材。摄影师拍摄完成后，剪辑师浏览素材，整理出符合客户需求的素材，进行粗剪，之后将样片发给客户确认视频框架内容是否符合需求。确认符合需求后，将样片发给音乐制作人进行主题音乐的创作。剪辑师根据音乐创作人创作的主题音乐对视频进行精剪以及合成，发送成片给客户，客户二次确认后，完成工作任务。

分析项目需求，策划、编写剧本

　　本案例制作的项目主要用于毕业季宣传，目的是正确引导毕业生面对人生抉择，树立正确的人生观、道德观和价值观。剧本围绕 3 个主人公在毕业季面对困难和挫折，拼搏进取，寻找自己的人生方向展开。

　　主角 A 是一名主播。主播是新兴的从业选择，很多毕业生加入了这一行业。但是在主播光鲜亮丽的外表下，更多的是辛苦与辛酸。主角 A 从一开始对职业感到迷茫，到获得家人的支持、毅然辞职，最终走出困局、回归家庭，并参与到家乡振兴的事业中，实现了个人的人生价值。

　　主角 B 是一名设计师。在校学习的知识和技能没有办法直接用在实践中，这也是很多毕业生在参加工作后遇到的迷茫。面对挑战并且战胜挑战，需要勇气和方法。主角 B 进入企业后，提出的各种方案屡屡不通过，但是她没有灰心气馁，而是积极主动地与客户沟通，寻找解决客户痛点的方法，最终得到客户的首肯，完成了职场上的蜕变。

　　主角 C 是一名剪辑师。理想和现实往往相差甚远，这也是大部分毕业生感到迷茫的原因，如何在工作和理想之间进行权衡和取舍是个很大的难题。主角因为繁重、琐碎的工作，慢慢丧失了自己的信念，甚至疏远了自己的女朋友，但最后通过参加大型比赛并获奖，提升了自己对事业的认知。

导演根据剧本制作镜号脚本

　　导演拿到剧本后，要充分了解剧本所要表达的故事情节和意义，决定整体的表现形式和镜头语言，然后完成镜号脚本的设计。

镜号脚本的描述要准确，保证整个团队可以根据脚本完成后期的拍摄和剪辑等工作。镜号脚本必须包含镜号、情节、对白、景别和运镜方式等内容，如表6-1所示。

表 6-1　　　　　　　　　　微电影拍摄镜号脚本

镜号	内　容	景别	运　镜	人物
1	主角 A 背影，走向操场	中景转全景	跟镜＋拉镜（含室友的画面）	主角 A
2	主角 A 正面向 3 人跑来并挥手。室友甲：怎么才来呀？主角 A（晃动手机）：我收到 offer 了	全景	固定镜头	主角 A+室友甲、乙、丙
3	室友甲、乙、丙激动的画面。众：太棒了！室友甲：你就要成为主角播了！主角 A：没错，没错	近景	固定镜头	主角 A+室友甲、乙、丙
4	众人欢呼雀跃，拥抱	中景	固定镜头	主角 A+室友甲、乙、丙
5	室友甲拿手机。甲：呀，我要和未来的主角播合个影啊！众：我也要，我也要	中景	移镜（由人物至手机画面）	主角 A+室友甲、乙、丙
6	众人站立，向上扔帽子。众：毕业快乐	全景	固定镜头	主角 A+室友甲、乙、丙
7	帽子飞起，音乐起	远景	固定镜头	主角 A+室友甲、乙、丙
8	主角 A 坐在会议室，忧心忡忡，女领导从外面怒气冲冲地走进来	中景	固定镜头	主角 A+ 女领导
9	女领导用手敲桌子	特写	固定镜头	女领导
10	女领导批评主角 A。女领导：你看看直播收益，一上午什么都没有卖出去，你能干就干，不能干就走。（台词穿插到下一场景）	中景	固定镜头	女领导

（续）

镜号	内　　容	景别	运　　镜	人物
11	主角 A 紧张的表情	中景	固定镜头	主角 A
12	主角 A 紧张地握着手	特写	固定镜头	主角 A
13	主角 A 进入直播间，坐下，情绪转换	中景	固定镜头	主角 A
14	主角 A 直播中讲解画面。（台词穿插到下一场景）	中景	固定镜头	主角 A
15	主角 B 背影，准备进入办公室	全景	跟镜	主角 B
16	主角 B 正面走进办公室	全景	固定镜头	主角 B
17	拿起工牌特写	特写	固定镜头	主角 B
18	戴上并整理工牌	中景	固定镜头	主角 B
19	使用鼠标特写 1	特写	固定镜头	主角 B
20	主角 B 侧身坐在工位上做设计	近景	固定镜头	主角 B
21	主角 B 在电脑上操作完成设计	特写	固定镜头	主角 B
22	手机特写（客户发的新要求）	特写	固定镜头	
23	主角 B 在会议室提报自己的方案。 主角 B：这是我写好的项目，请过目	中景	固定镜头	主角 B+ 男客户 A+ 男客户 B
24	主角 B 紧张的表情	特写	固定镜头	主角 B
25	客户指手画脚提意见。 男客户 A：回去重新整理一下，这些最基本的问题还是存在，希望你可以做得更好	中景	固定镜头	主角 B+ 男客户 A+ 男客户 B
26	主角 B 走在楼道，心情低落	中景	跟镜	主角 B
27	主角 C 坐在电脑前剪片子	中景	移镜	主角 C

（续）

镜号	内　容	景别	运　镜	人物
28	使用鼠标特写2	特写	固定镜头	主角C
29	电脑特写	特写	固定镜头	主角C
30	男老板过来摔文件。 男老板：都跟你说了，不要给我那些学生做的东西，又没有人看，我要的是夸张，是流量，还有，马上要做的那一期，做完了吗?	近景	摇镜	男老板
31	主角C紧张的表情。 主角C：那个，我还在剪	中景	固定镜头	主角C
32	男老板教训主角C。 男老板：不用那么精细，赶紧给我，做完就要发了	中景	固定镜头	主角C+男老板
33	男老板转身离去。 男老板：榆木脑袋	中景	固定镜头	主角C+男老板
34	主角C情绪特写	特写	固定镜头	主角C
35	主角A在直播	中景	固定镜头	主角A
36	主角A直播特写	特写	固定镜头	主角A
37	主角A吃播画面1	近景	固定镜头	主角A
38	主角A吃播画面2	近景	固定镜头	主角A
39	主角A冲到洗手间呕吐	中景	固定镜头	主角A
40	主角A洗手	特写	固定镜头	主角A
41	主角A望着镜中的自己	近景	固定镜头	主角A
42	夜景延时摄影空镜	远景	延时摄影	
43	主角A进入家门。 主角A：妈，寄的东西都收到了	全景	固定镜头	主角A

（续）

镜号	内　容	景别	运　镜	人物
44	主角A拖着疲惫的身体走到床边。 妈妈：小米养胃，你熬粥喝，红枣和枸杞是补气血的，记得多吃。你上班那么累，要好好补补。 （台词穿插到下一场景）	中景	固定镜头	主角A
45	主角A打开快递包装，里面是满满的土特产	特写	固定镜头	主角A
46	主角A坐在窗前，缓缓掏出手机	中景	固定镜头	主角A
47	主角A拿起手机，输入"妈，我想家了"，然后又默默删去	特写	固定镜头	主角A
48	夜晚的车水马龙	全景	移镜	
49	剪辑软件的画面	特写	固定镜头	
50	主角C手在打字的画面	特写	固定镜头	主角C
51	主角C正面特写，困乏的表情	特写	固定镜头	主角C
52	手机响起	近景	固定镜头	主角C
53	主角C打开手机翻阅消息。 主角C朋友：兄弟，最近有个比赛挺适合你的，网址我发给你了，有兴趣去看看。 （台词穿插到下一场景）	中景	固定镜头	主角C
54	主角C在笔记本电脑上看到"你好，天津"的网页	中景	固定镜头	主角C
55	"你好，天津"网页特写，合上笔记本电脑，露出和女友合照	近景	固定镜头	
56	主角C和女友合照特写	特写	固定镜头	
57	主角B在电脑前加班	近景	固定镜头	主角B

（续）

镜号	内 容	景别	运 镜	人物
58	主角 B 在电脑前加班，背影	中景	固定镜头	主角 B
59	主角 B 在笔记本上记笔记	特写	固定镜头	主角 B
60	主角 B 在电脑前喝咖啡	特写	固定镜头	主角 B
61	主角 B 合上笔记本，打个哈欠	近景	固定镜头	主角 B
62	打印机打出方案稿	特写	固定镜头	主角 B
63	主角 A 坐在电脑前，打开邮件	近景	固定镜头	主角 A
64	邮件中是辞职报告，主角 A 犹豫后点击了发送按钮	特写	固定镜头	主角 A
65	发送邮件后，主角 A 长舒一口气，感到释怀	近景	固定镜头	主角 A
66	主角 C 拿起相机	特写	固定镜头	主角 A
67	主角 C 拿相机在城市中拍摄 1	近景	环绕镜头	主角 A
68	主角 C 拿相机在城市中拍摄 2	近景	环绕镜头	主角 A
69	鼓楼延时摄影	中景	延时摄影	
70	天津民园延时摄影	全景	延时摄影	
71	天空延时摄影	中景	延时摄影	
72	主角 A 直播画面	中景	固定镜头	主角 A
73	主角 C 走在楼道上，手机短信响起	全景	固定镜头	主角 C
74	主角 C 掏出手机，查看短信	中景	固定镜头	主角 C
75	手机上显示获奖信息	特写	固定镜头	
76	主角 C 兴奋的动作	全景	固定镜头	主角 C
77	颁发荣誉证书	特写	固定镜头	主角 C
78	主角 C 拿到荣誉证书站在台上	中景	环绕镜头	主角 C

（续）

镜号	内　容	景别	运　镜	人物
79	荣誉证书特写	特写	推镜	
80	主角 C 的女友默默在台下观看	中景	固定镜头	主角 C 女友
81	主角 C 和女友在海河边拍照	全景	移镜（由下至上）	主角 C+ 主角 C 女友
82	主角 C 女友特写	近景	固定镜头	主角 C 女友
83	主角 C 送花给女友	近景	固定镜头	主角 C+ 主角 C 女友
84	地铁画面 1	中景	固定镜头	
85	地铁画面 2	全景	固定镜头	
86	会议室里客户甲向主角 B 宣布方案通过。 （台词穿插到下一场景）	中景	固定镜头	主角 B+ 客户甲
87	主角 B 走在走廊中，难掩喜悦的表情	中景	跟镜	主角 B
88	主角 A 站在家乡直播的地方回复信息。 妈妈：今天的成绩怎么样? 主角 A：妈，这次回来，我就不准备回去了	中景	固定镜头	主角 A
89	场景空镜 1	中景	移镜（旋转）	
90	女生四人组 1 说笑走向镜头 1	全景	跟镜	女生四人组 1
91	女生四人组 1 说笑走向镜头 2	中景	跟镜	女生四人组 1
92	男生四人组说笑走向镜头 1	全景	跟镜	男生四人组
93	男生四人组说笑走向镜头 2	中景	跟镜	男生四人组
94	女生四人组 2 说笑走向镜头 1	全景	跟镜	女生四人组 2
95	女生四人组 2 说笑走向镜头 2	中景	跟镜	女生四人组 2
96	参演 12 人从镜头后跑向前方，转身，跳起	全景	固定镜头	参演 12 人

挑选演员，准备服化道

导演根据剧本挑选演员，包括主角与配角，需要对演员的画面感、台词功底等进行考查，并根据剧本情节进行试戏。在挑选演员后，需要为演员培训，分解剧本、布置任务，并根据剧情确定演员的着装、妆容和造型等。

敲定拍摄事宜，摄影师开始拍摄

导演根据前期剧本、镜号、场景和演员等因素，敲定拍摄事宜，包括具体的拍摄进程、拍摄地点、演员和道具等，时间需精确，并预留出应对拍摄延误或突发事件的时间。

摄影师需要根据导演的拍摄安排，提前熟悉镜头的镜号、景别和拍摄手法，了解拍摄地点的环境和光线等因素，与导演沟通拍摄的要求等内容，如表6-2所示。

表 6-2

日期	参演人员	摄 影 师	地 点	具体时间
第1天	主角 C、观众群演	摄影师 1 号、2 号	大会议室	上午
	主角 C、男老板	摄影师 1 号、2 号	机房	上午
	主角 C、女朋友	摄影师 1 号、2 号	天津五大道	下午
	主角 C、女朋友	摄影师 1 号、2 号	天津意式风情街	下午
	主角 C、女朋友	摄影师 1 号、2 号	天津海河	傍晚
第2天	主角 A	摄影师 1 号、2 号	采摘园	上午
	主角 C	摄影师 1 号、2 号	民宿	下午
	主角 A	摄影师 1 号、2 号	民宿	下午
	主角 A，室友甲、乙、丙	摄影师 1 号、2 号	民宿	下午
第3天	主角 A，室友甲、乙、丙	摄影师 1 号、2 号	操场	上午
	主角 A、女领导、群演同事	摄影师 1 号、2 号	大会议室、摄影棚	上午
	主角 A	摄影师 1 号、2 号	机房	下午
	主角 A、女领导	摄影师 1 号、2 号	办公室办公桌	下午

（续）

日 期	参演人员	摄 影 师	地 点	具体时间
第4天	主角B、男客户（2～3人）	摄影师1号、2号	小会议室	上午
	主角B	摄影师1号、2号	小会议室	上午
	主角B	摄影师1号、2号	办公室	下午
	主角B、群演组员	摄影师1号、2号	办公室	下午
	主角B	摄影师1号、2号	办公室	下午
	主角B	摄影师1号、2号	办公室	下午

根据镜号脚本挑选、整理素材

摄影师拍摄完成以后，根据镜号脚本选择同一镜号下画面清晰、不抖动、演员表情自然、无穿帮的视频素材，镜号、景别和运镜方式需与镜号脚本相对应，以利于后期镜头的剪辑与衔接。筛选完成后源素材总共有96个，如图6-7所示。

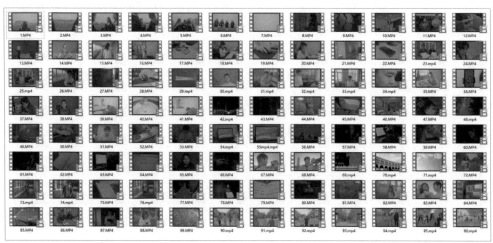

图6-7

视频粗剪——筛选和排列素材

将挑选好的视频素材片段导入，按照镜号脚本将视频素材排列到【时间轴】面板中，依据镜号脚本里的拍摄内容和运镜截取每个镜号素材里合适的视频画面，截取的视频画面应满足画面清晰、演员表情自然、无穿帮镜头的要求。素材排列完成的效果如图 6-8 所示。

> **注意** 本项目视频素材需要保留同期声音频，在剪辑过程中要注意视频素材和音频素材的链接，非特殊情况请勿取消链接，否则可能会出现音画不同步的问题。

图6-8

视频精剪——添加主题音乐、配音和音效

添加制作好的主题音乐、配音和音效。由于涉及多种声音，所以本项目精剪的重点是将多种声音处理得当，在听觉上不给人带来不适感和突兀感。同时，要保证音画同步。首先，需要将音频轨道分类整理，A1 轨道放置同期声音频，A2 和 A3 轨道放置配音和音效，A4 轨道放置主题音乐。其次，将配音、音效和相关画面同步，并使用【钢笔工具】调整音量，使多种声音和谐，如图 6-9 所示。精剪完成的效果如图 6-10 所示。

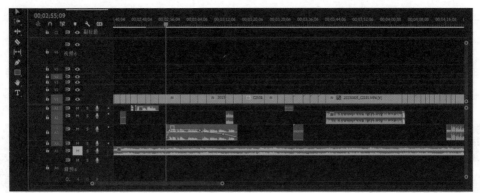

图6-9

图6-10

一级调色修正素材颜色

在精剪完视频以后，需要进行一级调色，修正视频颜色。由于素材较多，直接在

【输入LUT】里选中Slog3Sgamut3.CineToLC-709LUT，进行调色。一级调色完成的效果如图6-11所示。

图6-11

二级调色使视频风格化

为了让视频符合温暖、感性的主题，主要用橙青色调。在【RGB曲线】中，将红色通道曲线微微向下拉，使之偏于青色。在【色相与饱和度】中，吸取建筑物橙红色，微微向下拖动降低其饱和度。在【色轮与匹配】中，将【高光】和【阴影】拖向橙青色。二级调色完成的效果如图6-12所示。

图6-12

添加歌词、同期声和配音字幕

为了给视频中出现的歌词、同期声和配音做解释说明，让观众更好地理解视频内容，需添加同步字幕。同期声和配音字幕位于画面底部居中，歌词字幕位于同期声和配音字幕上方居中，如图6-13所示。

图6-13

剪辑结束后，将视频导出为 H.264（MP4）格式，将未经剪辑的源素材（摄影师提供的素材）、最终效果的 MP4 格式文件和工程文件按照要求命名，放到一个文件夹中提交给客户，如图 6-14 所示。

YYY-告别校园的日子源素材-20230509

YYY-告别校园的日子工程文件-20230509.prproj

YYY-告别校园的日子-20230509.mp4

YYY-告别校园的日子-20230509

图6-14

【作业】

假设你现在是一个 **Premiere Pro 后期剪辑师**。世界环保日即将到来，为了呼吁人们积极参与环保行动，让环保理念深入人心，形成全民共同参与环保事业的良好氛围，你所在城市的生态环境部门准备拍摄一部以保护环境为主题的微电影。相关负责人（客户）联系你，需要你与**团队合作**完成这部微电影。**编剧**创作剧本，**导演**整理镜号脚本、挑选演员和准备拍摄事宜等，**摄影师**拍摄素材。上述工作完成后，需要你根据导演策划好的脚本内容对摄影师拍摄完成的素材进行**后期剪辑**。首先进行粗剪，然后将样片发给客户**首次确认**视频框架内容是否符合需求。确认符合需求后，将样片发给**音乐制作人**进行主题音乐的创作。根据音乐创作人发送的主题音乐，对视频进行精剪以及合成。发送成片，客户**二次确认**，确认无误后完成工作任务。

项目资料

生态环境部门提供素材，但是需要你与团队合作完成拍摄内容。

项目要求

本项目视频用于环境保护宣传，传播媒体主要是当地政府官网以及电视台。

（1）拍摄内容包含环境污染的危害性、垃圾分类与可回收利用、生态保护与可持续发展、个人行为的重要性和未来的展望等方面。

（2）视频主题内容明确，故事情节安排合理，艺术表现手法运用得当，引发人们对环境问题的思考，传递亲近自然，追求协调、可持续发展的价值观念。

（3）视频整体基调是积极向上、乐观、正能量，音乐风格、文字设计、调色风格均要与视频基调保持一致。

（4）视频成片时长在 5 分钟以上，音频时长与视频时长相匹配。

项目文件制作要求

（1）文件夹命名为"YYY_保护环境微电影_日期"（YYY 代表你的姓名，日期要包含年、月、日）。

（2）此文件夹包括以下文件：未经剪辑的源素材（摄影师提供的素材）、最终效果的 MP4（H.264）格式文件、.prproj 格式工程文件。

（3）视频帧大小为 1280h 720v，帧速率为 25 帧/秒，方形像素（1.0），场序为逐行扫描。

完成时间

拍摄与剪辑，共 1 个月。

【作业评价】

序号	评测内容	评分标准	分值	自评	互评	师评	综合得分
01	镜头筛选	穿帮镜头是否去除； 演员表情不自然的镜头是否去除； 画面抖动严重的镜头是否去除	20				
02	音频处理	主题音乐是否符合主题； 配音是否感情饱满； 音效挑选是否合适	25				
03	视频处理	音画是否同步； 视频画面切换是否流畅	20				
04	整体效果	多种声音是否和谐； 调色风格是否与主题一致	25				
05	情感表达	主题思想是否传达明确	10				

注：综合得分＝（自评＋互评＋师评）/3